竹鼠养殖

及疾病防治百问百答

唐 伟 主编

中国农业科学技术出版社

图书在版编目（CIP）数据

竹鼠养殖及疾病防治百问百答/唐伟主编.—北京：中国农业科学技术出版社，2013.1（2023.6 重印）
ISBN 978－7－5116－0970－0

Ⅰ.①竹…　Ⅱ.①唐…　Ⅲ.①竹鼠科－饲养管理－问题解答
Ⅳ.①S865.2－44

中国版本图书馆 CIP 数据核字（2012）第 134232 号

责任编辑　闫庆健
责任校对　贾晓红　范　潇

出版发行　中国农业科学技术出版社
　　　　　北京市中关村南大街 12 号　邮编：100081
电　　话　（010）82106632（编辑室）（010）82106624（发行部）
　　　　　（010）82109703（读者服务部）
传　　真　（010）82106632
社 网 址　http://www.castp.cn
印　　刷　北京建宏印刷有限公司
开　　本　850mm×1 168mm　1/32
印　　张　3.125
字　　数　81 千字
版　　次　2013 年 1 月第 1 版　2023 年 6 月第 4 次印刷
定　　价　20.00 元

主编简介

唐伟，男，现年 38 岁，中共党员，本科学历，兽医师、讲师，永州职业技术学院农学系教师，动物医学教研室主任。多年来，在做好教学及科研工作的同时，一直从事畜牧业及经济动物生产的技术指导与服务工作。

作者主要从事生态养殖、畜牧兽医、宠物医生专业的教学与科研工作，承担了《动物药理》《动物病理》《牛羊生产与疾病防治》《家畜寄生虫病》《家畜传染病学》《禽病防治》等课程的教学工作。负责《牛羊生产与疾病防治》《动物药理》《动物病理》等课程的工学结合课程体系的开发与建设，撰写了畜牧兽医专业多门课程的课程标准、实训大纲、实训指导书。注重科研，参与了《猪繁殖与呼吸障碍综合征的流行病学调查及控制对策》《永州市中小规模标准化生态养猪模式研究与应用》等课题研究，结合生产实践撰写并在国家级和省级刊物上公开发表论文 20 余篇，为养殖户在生产中提供了有用的理论知识与实践指导，参编"十一·五"规划教材、国家精品国程配套教材等 10 本。承担教学的畜牧兽医专业为国家示范性职业技术学院重点建设专业，2008 年被评为省级精品专业。专业动手能力较强，指导学生在 2011 年全国农业技能大赛湖南地区选拔赛中荣获"一等奖"，在全国农业技能大赛中荣获"二等奖"。

目　录

第一篇　竹鼠的品种特性及经济开发价值

1

第二篇　野生竹鼠的捕捉与驯养

第三篇　竹鼠饲养场建设

第四篇　竹鼠的繁殖

第五篇 竹鼠的饲养管理

第六篇　竹鼠常见的疾病防治技术

第七篇　竹鼠的皮毛处理与加工

第一篇　竹鼠的品种特性及经济开发价值

1　竹鼠有哪些别称？

竹鼠，亦称竹狸、芒狸、竹纯、竹馏、竹根鼠、茅根鼠、竹鼬、稚子等。

2　我国现阶段饲养的竹鼠主要有哪些品种？

我国现阶段饲养的竹鼠品种主要有三种：中华竹鼠、花白竹鼠和大竹鼠。

3　中华竹鼠的形态及生物学特性是什么？主要分布在哪些地方？

别名：灰竹鼠、竹鼠、竹鼬（图1）。

图1　中华竹鼠

外形：成体体长小于 38cm，体重 1 ~ 1.5kg，吻钝圆，眼小，耳壳小隐于毛内，颈短粗，体被厚毛，密而柔软。四肢粗短，具有发达的爪，适于掘土营地下生活。尾短，光裸型，仅覆以稀疏短毛。雌性乳式胸部 1 对，腹部 3 对。

毛色：吻周呈灰白色，耳覆以棕灰色毛，成体背毛棕灰色，毛基灰色，腹毛略浅于背色，近淡棕至污白色泽，直至毛基，背色逐渐转淡而成腹毛色泽，背腹间的毛泽无界限，唯腹面覆毛较为稀疏，足背及尾毛均为棕灰。老年个体背毛呈棕黄色，而年幼者呈灰黑色泽。

头骨：短而粗壮，呈三角形。吻宽而短。鼻骨前宽后窄，后端尖形成等腰三角形，其后缘与前颌骨前缘同处一平面。眶上脊、颞脊及人字脊发达，眶上脊起自眶前缘，向后延伸与颞脊相连，向后延至人字脊处，人字脊处呈截切状。枕骨自后面看成一半圆形，略呈平面状的骨片；侧面看由前向后倾斜，枕髁显著突出，处于头骨的最后端。眶间距较窄，仅为腭长的 23%，颧弓极度外展，粗大。门齿孔极小，听泡低平。听孔呈管状上升，开口于侧枕骨上缘之后的位置。

牙齿：门齿强大、锐利，上门齿与腭骨垂直。上齿列冠面前倾，下齿列冠面则后倾，第一上臼小于其他二臼齿，第二臼齿最大。齿冠面具二外侧及一内侧深凹褶，但磨损后的牙齿凹褶都成孤立的齿环。

生活习性：以四肢和借助牙齿挖洞，有较强的挖掘洞穴的能力。营穴居生活，昼伏夜出。性喜在安静、清洁、干燥、光线适宜、空气新鲜的环境中生活。性情温驯，公母形影不离。抗逆性强，生活的温度适宜在 - 8 ~ 40℃，最适温度在 10 ~ 28℃。中华竹鼠可摄取各类竹子、甘蔗、玉米等的根茎及草根植物的种子和果实为食。缺食的时候也为害庄稼。

分布：主要分布在福建、广东、广西壮族自治区、云南、贵州、四川、湖南、湖北、甘肃和陕西南部，安徽大别山和浙江南部的泰顺也有分布。国外主要分布在缅甸北部。

4 花白竹鼠的形态及生物学特性是什么？主要分布在哪些地方？

别名：银星竹鼠、草䶄、竹䶄、粗毛竹鼠、拉氏竹鼠（图2）。

图2 花白竹鼠

外形：较中华竹鼠大，成体体重一般为 2～2.5kg，体长34.1cm，尾长 11.4cm，后足长 5.1cm。体圆筒状，头钝圆，颈粗短，身体肥胖。眼极小，耳壳完全隐于毛被之下。四肢粗短，掌部宽大而扁，爪尖锐利。尾长一般超过体长的1/3，尾基部约1/5具稀疏短毛，其余部分均裸露无毛。乳头5对：胸部2对、腹部3对，其中胸部第1对不发达。小肠短于大肠。

毛色：口鼻部、眼周为灰褐色，额、颊及整个背面均为褐灰色，毛基灰色，背毛具有许多带白色的针毛伸出毛被之上，颇似体背蒙上一层白霜，至体侧白色尖逐渐减少，针毛呈白色发亮较粗硬，腹面纯褐灰色，部分有白毛斑，但腹毛稀疏，常显现裸露，耳毛棕褐，吻部色泽稍浅，灰白色。四足背及趾具褐棕色细毛。

头骨：与中华竹鼠相似，但有下述特征：（1）听泡较为低平；（2）鼻骨前端宽。前面看，其宽度超过相应前颌骨的宽度，末端不尖，不成三角形；（3）鼻骨后端超过前颌骨前缘；（4）眶间部较宽，为腭长的28%（中华竹鼠平均为23%）。

牙齿：与中华竹鼠无太大区别，唯上门齿与腭骨成一锐角，略向前倾斜。

生活习性：营掘土生活，通常在竹林下或大片芒草丛下筑洞。主要在夜间活动，以地面采食为主，啃食竹和芒草等植物的根和茎部或拖入洞内啃食。花白竹鼠四季均能繁殖，但以11~12月和3~7月间怀胎母鼠较多，以春季为高峰。妊娠期至少22天。每胎1~5仔。一般为2~3仔。初生幼仔体重35~40g，裸露无毛，眼闭。5天后体毛可见，7天耳壳逐渐伸直；20天体毛色似成体毛色，至24~30天眼睛开。1个月后能吃硬的食物。56~78天断奶，开始能离开母鼠独自活动。寿命约为4年。

分布：花白竹鼠分布在云南、广西壮族自治区、广东、福建、湖南、贵州、四川等地。国外见于老挝、越南、柬埔寨、缅甸和印度等地。本种有4个亚种，中国有2个亚种。云南亚种身体比较小。鼻骨后端超出前颌骨后端。分布在云南的勐腊、金子、蒙自等地。国外见于老挝和越南北部。拉氏亚种身体比前一亚种略大些。

5 大竹鼠的形态及生物学特性是什么？主要分布在哪些地方？

别名：红颊竹鼠、红大竹鼠（图3）。

外形：大竹鼠是我国竹鼠中最大的一种，成体长约40cm，体重可达3kg，眼小耳短，但由于毛被稀疏，故仍清晰可见。前后足足掌部后面的两个足垫彼此连接。尾粗壮而长，无毛而完全裸露，尾长约为体长的40%，约等于后足长的2.5倍。

图3 大竹鼠

乳头5对，雌性乳式为胸部2对，腹部3对。

毛色：毛被稀疏而粗糙，面颊（从吻周到耳后）淡锈棕色或棕红色。额枕和颈背中央有一梭形暗色斑，体背和体侧为淡灰褐色。腹面毛被非常稀少，常可见到皮肤。喉胸部纯褐色，腹部灰白色。四肢和足背纯褐色。尾乌褐色，但尾尖常呈棕黄色或淡黄色。

头骨：与中华竹鼠无异，但颅全长大于8.5cm。

牙齿：与中华竹鼠无多大区别。唯与齿隙长大于上齿列长的1.5倍，第一上白齿一般大于或等于第二上白齿。

生活习性：大竹鼠白天休息，晚上出来活动，打洞能力极强。以吃竹根和竹笋为主，也吃植物的根茎果实。

分布：主要分布于印度尼西亚苏门答腊、马来西亚，泰国、老挝、缅甸、越南和我国云南西双版纳勐海、景洪和橄榄坝等地。

6 竹鼠耐粗饲性强吗？一般情况下饲养饲料需要特别加工吗？

竹鼠是草食性动物，人工饲养以农作物鲜秸秆为主要饲料，不需加工和粉碎，是粗纤维利用的佼佼者。实践发现，在人工养殖类动物中，竹鼠是最耐粗饲的经济类动物。野生竹鼠的驯养成功，为开发利用我国乃至世界的丰富秸秆饲料资源，培育了一个新的优良品种。

7 竹鼠在一天中的活动规律是怎样的？

竹鼠白天及夜晚均可活动，但夜间活动频繁。是典型的夜行动物，虽然眼小，但夜视能力强，善于夜间活动。据观察，其活动规律可分觅食活动期和休息期。一天中，0：00～2：00为第一活动采食期；4：00～5：30点为第二活动采食期；9：00～10：00为第三活动采食期；15：00～18：00为第四活动采食期；20：00～23：00为第五活动采食期，其他时间为休息期。

8 竹鼠饲养对环境温度有什么要求？

温度对竹鼠的活动、生长、繁殖是极其重要的影响因素。因为汗腺极不发达，调节体温的能力差，夏天酷暑，冬天严寒，而野生在土层下居室温度变化较地面稳定，所以最适宜的生活温度10～28℃，如果驯化饲养，野生地下居室与人工饲养在地面筑构居室，冬、夏有一定温差，应根据天气变化给予人工调温。根据生产实践发现，温度超过32℃发情配种受到影响，超过38℃极易中暑。温度低于5℃以下时，竹鼠生长发育缓慢，繁殖力下降，产仔成活率降低。当温度降到0℃以下时，活动迟缓，摄食减少。

9 竹鼠饲养对环境湿度及水分有什么要求？

竹鼠喜凉爽、干燥、洁净处生活，环境相对湿度为50%～60%，地面无积水，水分是竹鼠维持生命、生活的重要物质。但竹鼠与其他啮齿类动物有所不同，汗腺极不发达，调节体温和水分代谢的能力差，无饮水习性，维持生命、生活所需的水分，靠从食入的饲料中摄入是重要来源之一。因此应十分注重饲料中含水分量，饲料中含水分过多易造成腹泻，含水分过少又容易引起消化不良，粪便干硬、颗粒小、呈暗黑色。此外，饲料中水分不足还影响到生长和毛色的变化，毛色枯燥变黄褐色，生长缓慢，体形较消瘦，甚至导致体液电解质失去平衡，出现神经症状和死亡。所以，正确掌握饲料的含水分量是竹鼠养殖成功的关键。

10　竹鼠一般食用哪些植物性饲料？

竹鼠是草食动物，成年鼠日采食粗饲料 250 ~ 400g。喜食带甜味的植物根、茎、叶、皮。主要以竹笋蒂、嫩竹、山姜子、多种芒草地下根、野甘蔗等为食，也食一些杂草籽食。人工饲养可以玉米、稻谷、大米、红薯等为精饲料，玉米秆、高粱秆、甘蔗、芦苇、竹类等为粗饲料。竹鼠的消化系统十分适合消化粗饲料。胃由两部分组成，前胃呈囊状，具有消化粗纤维的功能，盲肠也是分解粗纤维的场所。所以饲养竹鼠的饲料来源广泛，价廉易得，且食量不大。嘴唇纵裂，门齿外露，下门齿呈剪刀状，以便摄食，切断食物，下门齿不断生长，需要不断磨损和啃咬，所以每天除喂给青料外，还要补给100 ~ 200g树枝或竹枝，以满足其啃齿行为。

11　竹鼠性格凶猛吗？如何捕捉竹鼠？

竹鼠当遇到人为惊扰和外来动物袭击时，立即露出锋利粗大的门齿，发出"呼、呼、呼"的叫声和"咯、咯、咯"的磨牙声，形态凶猛。一旦激怒，会用前爪和嘴咬住不放。因此，捕捉时要迅速抓住竹鼠尾巴提起，防止咬伤手指。另外，竹鼠还有互相残杀的习性，竹鼠有自己的活动领域，非发情配种阶段，当陌生竹鼠侵占或相遇时会发生咬斗，甚至咬死一方。带仔母鼠当受到严重干扰、刺激会将幼仔咬死。所以保持室舍暗光环境，避免噪音刺激和风吹是养好竹鼠的重要保障。

12 竹鼠的居巢原则上有什么要求?

竹鼠在野生的条件下掘洞而居，一般洞长 3 ~ 5m，内筑卧室、贮食室、厕所和通道。为了保持洞内有一个较卫生的环境，同时为了寻找新的食物资源，每月迁移一次，筑构新的居所。在家养的条件下，窝室的设计，既要考虑到穴居钻洞的习性，又要便于饲养、观察、清扫和捕捉。窝室要坚实而光滑，要求高度 0.7m，以防掘洞和翻墙而逃跑，窝室还要阴暗、保暖、凉快并干燥，使竹鼠居住在人工窝室内具有洞穴感。一个家族即一公二母，可设三室二厅，厅为动物采食场，为外室。内室分三个小室，每室面积为 35cm × 30cm，地面略高于外室，便于清扫垃圾，三室便于它们轮流更换居室，类似野生一月一迁居的习性（图 4、图 5）。

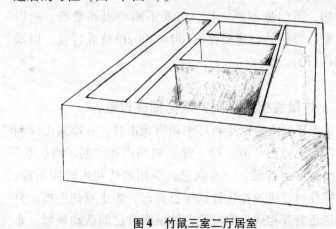

图 4 竹鼠三室二厅居室

8

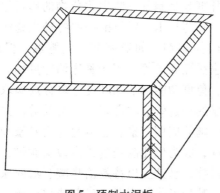

图5　预制水泥板

13　竹鼠的身体为什么有一种特殊气味，这种气味有什么特殊作用？

竹鼠的肛门腺和阴道腺很发达，其腺体分泌出来的物质，有一种特殊气味，公母之间、同伴之间、亲子之间主要依靠气味进行"化学通讯"，一群很安静的竹鼠，闻到陌生鼠的气味，立刻惊恐乱跑如临大敌，甚至相互撕咬，陌生竹鼠若突然合群，由于气味不投，则相互残杀，打斗不休，必须经过一星期异味适应过程，才能结伴合伙，雌雄竹鼠十分忠于"原配夫妻"，尤其从小长大，气味相投，情投意合，配种则较顺利。临时配对要进行一段时间的感情培养，其实质是建立化学通讯联络，否则，相互撕咬，人为的"捆绑夫妻"则难顺利交配。

14　饲养竹鼠有什么经济开发价值？

本草纲目记载："竹馏、食竹根之鼠，形大如兔。"馏是形容它形体的肥胖，是指它的味美，竹馏肉有补中益气，荣养宗筋，温肾，滋阴壮阳，固本生津，消肿毒。脂肪炼油可清热解毒，消肿止痛。现代高科技研究证实竹鼠的脂肪、脑、胸腺、肝脏等是制备一些生化药物的珍贵原料。近年来利用现代生化制药技术，以竹鼠提取各种生物活性物质或因子作为生化药物制剂，如亚麻酸、胸腺肽、促肝细胞生长素、软骨抗癌活性因子等，用于临床治疗肿瘤、糖尿病、心脑血管疾病、免疫功能低下和肝炎等多种疾病取得了显著疗效，具有明显的经济效益和良好的社会效益，并具有潜在的巨大市场和广阔的应用前景。已引起药物专家和生化制药企业的高度重视，成为生化制药的重点攻关领域；另外，还利用现代化高科技，已开发出特效治哮喘、治糖尿病及脑血管疾病的药品，其骨可代替虎骨，已制成鼠骨酒。所以，竹鼠具有极高的药用保健价值。

竹鼠肉质精瘦，肥而不腻，鲜美可口，为野味上品，是一种营养价值高、低脂肪、低胆固醇的肉类食品。据测定，它含粗蛋白质 57.78%，粗脂肪 20.54%，灰分 17.36%，粗纤维 0.84%，水分 3.84%。还富含磷、钙、维生素 E 及氨基酸，其中蛋氨酸，特别是精氨酸的含量比畜禽及水产品都高。用普通烹调方法即可做出各种味道鲜美，甘香扑鼻的鼠肉佳肴。尤其是竹鼠肉富含胶原蛋白，胶原蛋白是一种由生物大分子组成的胶类有机物，是构成人体皮肤、筋、腱、牙齿和骨骼等最主要的蛋白质成分，约占人体总蛋白质的 1/3，是机体必须摄取的营养物。从竹鼠肉中摄取胶原蛋白质，能促进人体新陈代谢功能正常活性，进一步降低细胞可塑性衰老，增强皮肤弹性。防止皮肤干燥、萎缩、皱纹等。改善机体各脏器的生理功能，抗衰防老。其抗衰老功能是大米的 400 倍。竹鼠肉是一种有益健康和美容的天然补品，被视为山珍极品。我国考古学家在湖南长沙马王堆出土的西汉时期的古墓中发现有许多罐芒狸肉干，分析认为当时的芒狸肉干已成为达官贵人享受的滋补珍品。目前，食竹鼠已发展成为新潮美食，从家庭餐桌登上了高档酒家的宴席，为饮食文化增添了光彩。

此外，竹鼠是无汗腺动物，其皮毛细软，光泽油润，底绒厚，是制裘衣的上等原料。其皮制成的夹克、长大衣在市场上极为抢手，竹鼠的须是制作高档毛笔的原料，货源紧张，供不应求。人工饲养竹鼠不受电和水源的限制，在 5 ~ 32℃的温度范围均能正常生长繁殖。所需设备简单，规模可大可小，在一般空闲的地下室，普通房屋内，建造水泥池（60cm×60cm×60cm），或用废铁桶、瓷缸均可饲养。一只繁殖用母竹鼠需圈舍面积 0.36m²，配种舍 0.72m²（1.2m×0.6m），断乳竹鼠或育成竹鼠可群养，一般 10 只一群，需圈舍面积 1m²。

饲养竹鼠的饲料来源广泛，廉价易得，米饭、玉米、红薯等是精饲料，鲜玉米秆、高粱秆、玉米蕊、甘蔗蔸（尾），部分蔬菜茎、节芒草秆（根）、嫩竹（叶）等是主要的粗饲料，一只竹鼠每天需粗饲料 300 ~ 400g，精饲料 30 ~ 50g，一只种竹鼠年需饲料费 30 元左右，年繁殖三胎，每胎产仔 2 ~ 5 只，年产仔最高可达 20 只以上，从出生到长成体重 1 000g 的商品竹鼠需 5 个月，需饲料费 8 ~ 10 元，按目前市场最低售价 50 元/kg，每只可获纯利 40 元，一个劳力可饲养管理 200 对种鼠，年可获纯收入 10 万元左右，经济效益显著。

第二篇　野生竹鼠的捕捉与驯养

15　如何捕捉野生竹鼠?

野生竹鼠的洞穴结构较复杂,熟悉其洞穴结构后,捕捉工作会容易很多,常用的野生竹鼠捕捉方法有以下几种。

(1) 敲洞惊鼠法

竹鼠喜栖息在成片的细竹林或芒草地,捕捉时先要寻找枯死的竹子或芒草,因为竹鼠洞穴在地下,使洞穴上的竹子和芒草造成吸水困难而死亡。所以,凡枯死的地方可能有竹鼠挖的洞和足迹,然后再找竹鼠洞,若看到洞口有新土,且堆得很高和潮湿,上面无树叶或很少,洞口用土封闭,则洞内可能有竹鼠。若洞口敞开,而且洞口土堆较低或干燥,上面有较多枯枝落叶,则洞内没有竹鼠。

在确定洞内有竹鼠后,先将洞周围 1m 之内的树枝杂草砍光,然后从四面用木棒或锄头由外向内用力敲击地面,洞内的竹鼠受到惊扰后很快就会爬开堵塞洞口泥土,向洞外逃逸,由于竹鼠长期过洞穴生活,洞内阴凉黑暗,刚出洞对强光线刺激很难适应,反应迟钝,此时即将事先准备好的铁丝罩将它罩住然后将铁丝罩慢慢移动,让尾露出,手抓住尾巴松开铁罩迅速提起放入铁笼内,若是雌鼠应看一下乳头是否光滑湿润,乳头周围毛是否稀少，乳头外露，若有上述表现，则可能是一只哺育期的母鼠，洞内有幼鼠，需挖洞取出。

（2）挖洞捕捉法

挖洞捕捉是一种较常采用的捕捉竹鼠的方法。挖洞应在夏末初秋季节进行，此时是竹鼠活动频繁的季节。但在挖洞前一定要先做好调查，如断定洞内有无竹鼠，方能动手挖洞，竹鼠的洞系由土丘、洞口、取食道、避难道、窝及厕所组成。挖洞一开始时，竹鼠一听到响声，立即逃至避难道，此时就不必去挖其他通道，而只需寻找他的避难道，继续挖避难道便可捕捉竹鼠。避难道一般只有一条，但有个别竹鼠的洞穴避难道也有两条，即在避难道上另有一条分岔的避难道，宽度与取食道相似。这时循道洞挖下去，很快就能捕捉到竹鼠。

（3）捕鼠笼擒鼠法

在秋、冬季节，竹鼠洞穴较深，人工挖掘洞穴费时费力，可采取捕鼠笼捕捉竹鼠。一般在确定洞穴内有鼠后，将洞口的泥土铲开，然后把捕鼠笼开口端对准洞口，同时检查周围是否还有出口，若有则用石块将其他出口堵死，迫使其往装有捕鼠笼的洞口钻，进入笼内待捕。捕鼠笼的规格是：长 80 ~ 100cm，宽 20cm，高 20cm，笼的一端是活闸门，在靠笼的另一端约 20cm 处悬挂一铁钩，铁钩的另一端通过一根弹簧与笼门相连，只要竹鼠进入笼内碰到小铁钩，活闸门将自动关闭，将竹鼠关在笼内。此方法使用较方便，对竹鼠不会造成损伤。

（4）烟熏捕捉法

砍一段大竹筒，一头留节，一头开口，从开口处放入稻壳，在有节一段作一小孔，再插入一根中间空的细竹竿，然后点燃稻壳，放入洞内，有细竹竿一端留在洞外，然后用泥封好洞口的空隙，并嘴对小竹竿，口用力吹气，将烟雾吹入洞穴，竹鼠难以忍受的情况下，会从后洞爬出。使用此方法，应注意在点火之前将其他后洞堵死，只留一个出口，但要注意不能燃烧成明火。鼠被熏出后,竹筒内未燃烧完的稻壳应用泥土埋灭,以免引起火灾。

(5)灌水捕捉法

用水往竹鼠洞穴里灌,当水灌满整个洞穴后,竹鼠被逼出洞来。采用此法必须注意,一是水源方便,灌水务必要满,不能停停灌灌,否则不一定灌出竹鼠。二是竹鼠的居穴洞一般选择在山坡上,有一定坡度,所以在灌水前将下面的洞一定堵死,不能渗水,如果在坡上或者侧面有多个出口的话,应全给堵上只留坡上较高位处一个洞作灌水口。灌满后经 10~30 分钟,竹鼠忍受不了,便会爬出洞口,这时即可捕获。

16 竹鼠驯养前受伤如何处理?

无论是自己捕捉的,还是山区市场收购的野生竹鼠,驯养前均应仔细检查是否有伤,并根据伤势轻重区别对待。若只伤皮肉,可按一般外科处理,涂擦消毒碘酊或口服消炎类药物,为防止继发感染,也可适当使用抗生素,一般伤口 3~4 天就痊愈。如有重伤,例如四肢骨折等,可采用石膏绷带固定,若通过治疗没有好转或者无治疗价值的应尽早作商品鼠处理。

17 怎样减少竹鼠因环境改变而引起的应激影响?

如果是野外捕捉的竹鼠,竹鼠被捕后由于居室、生活环境发生改变,而产生强烈的应激反应,表现拒食而死亡。临床采用弱光或暗室饲养,可降低应激反应强度,提高捕后成活率。某公司对成活率的试验结果见表 1。

表 1 捕后处理对成活率的影响

处理	只数	拒食时间(日)	发病率(%)	成活率(%)
暗室 + 稻草	50	1~1.5	4	96(48/50)
开放式	50	3.5	86	14

据观察，在暗室加稻草覆盖的情况下，竹鼠建筑成稻草窝巢，隐居其中，仿佛回归了自然，再投食竹鼠最喜吃的芒根，拒食时间最短，发病率低，捕后成活率高达96%。相反，采用开放式饲养，因处于惊恐之中，拒食，腹腔水肿，经解剖和细菌培养鉴定，无严重的败血症和致病细菌，出现应激反应为主的变化，表现为实质性的器官出血和腹腔积水。所以采取暗室加稻草覆盖，则可以降低应激反应，提高捕后成活率。

18 捕捉的竹鼠如何驯食?

野生竹鼠野性强，对环境和生活适性的改变有一个抗逆性过程，若一捉来就马上投喂人工配合料，大多数会出现拒食而死亡。因此需有一个驯食的过渡期，据试验报道和实践体会是先以竹鼠最喜欢吃的冬芒草根、嫩竹笋、竹叶为诱食辅以玉米、米糠拌饭或者馒头等精料，逐渐增加物质种类，最后添加营养元素，如矿物质、氨基酸和维生素，并定型于含有多种营养元素的混合饲料，达到人工控制营养的目的，既不使营养过剩而浪费，又能满足其营养需要，发挥生长潜力。

19 捕捉的竹鼠如何合群驯养?

合群驯养的目的在于改变野性，使竹鼠变得温驯，便于人工操作，并组合新的家系，因为野生竹鼠是终生配对，拒绝临时组合配偶，或者争斗不休，或拒绝交配。

实践生产可采用两种方法，一是家系驯化，经过拒食和食物过渡后，即组建新家系一雄二雌，居住面积0.3m²。三个内室，面积为0.12m²，供作竹鼠卧室。外室0.18m²，供运动和采食。二是合群驯养，合群池为1m²，不设内室，开放饲养，驯食后，按一雄二雌的比例，放于5组，即5雄10雌，为了减少合群初期的争斗次数，池中放入7～8个空心砖，作为被攻击方的临时庇护所。

表2 驯化方法对驯化的影响

处理	数量	攻击时间（日）	攻击频率（%）	配对成功率（%）
家系	5	20	95	32
合群	5	10	45	85

从表2可知，合群驯化优于家系驯化，这是由于合群驯化较之家系驯化施加了更为强大的选择压力，第一拥挤打破了个体领域，被迫接受更多的同伴，第二攻击受到多方制约，例如丙→乙→甲→丙，减弱了相互交锋的次数和强度。第三个体多，每个个体排出的气味，干扰了相互间的气味鉴别。第四雌雄间有更多的性选择自由。

总之，捕捉或者山区收购的野生竹鼠，采用模拟的生态环境，减少应激反应，采用采食天然饲料为诱食逐渐过渡到人工配合饲料，利用合群驯化，既可减少交锋次数，又可提高家系组合成功率。

20 竹鼠引种前有哪些准备工作？

竹鼠的人工饲养是20世纪90年代初以来才开始推广的养殖新项目。时间和金钱同在，把握机遇，抢先发展，捷足先登是提高引种效益的重要一环。但盲目引种，仓促上马，很可能导致欲速则不达。因此，在引种前需做好以下准备工作：

（1）初步了解竹鼠的生活习性、适应性、饲料来源、繁殖性能及养殖设备等方面的情况。为引种做好思想准备。

（2）考察和预测市场。分析引进种源后，在本地的商品市场、供种市场及其他地方市场的需求变化情况。做好开拓市场的准备。

（3）进行引种决策时，根据竹鼠人工饲养基本情况的了解，结合本地的地理气候条件，饲料来源的难易度，饲养条件和市场预测的情况，决定是否引种。

（4）搞好饲养圈舍建造，搞好清洁卫生，对圈舍进行彻底消毒。

（5）引种资金的筹集。

（6）了解种鼠生产市场的有关情况，学习饲养方法和技术，做好引种包装设备和办理有关引种运输手续及市场检疫。

（7）正式引种。

21　竹鼠的运输工作有哪些步骤，应注意些什么？

目前我国无论是竹鼠引种还是食用商品竹鼠，大多采用汽车作为交通工具，运输的具体步骤及注意事项主要在以下几个方面：

（1）在装运前两小时，将抗应激药物提前拌料或通过饮水让竹鼠服下，以减轻应激反应，降低因应激带来的经济损失。

（2）竹鼠装笼，要遵循"轻、稳、静"的原则，对于不愿意进笼装运的竹鼠，要有耐心引入，不能粗暴强塞，原则上大鼠单笼装运，否则在装运途中可能相互打架，小鼠可以适当群装，在笼子里面装上一小节甘蔗或者篁竹草及其他竹鼠喜欢吃的粗料，在路上食用。

（3）根据时间，尽量夜间运输，避开太阳直晒，路途中匀速行驶，转弯或者起伏路减低车速，尽量平稳行车。每行车4小时左右，选择安静，阴凉，无贼风处，停车检查，适当调整鼠笼，保持鼠笼摆放稳当；检查笼口是否被竹鼠打开等。逐步打开窗户和后门通风10分钟。

（4）应选择使用前置发动机的车作为运输工具，这样货箱部分就不会因为发动机温度导致箱板过热，以致竹鼠中暑和闷死，或者热应激死亡。笼子装车前，先在底部放一排空笼子，增加底部通风。笼子交替向上垒，一般垒 3～4 层为宜。也可以用竹竿逐层隔离鼠笼，这样就不会出现底部和中间通风不良，闷死竹鼠。或者由于上层的鼠尿粪，堆积在最底下层竹鼠的笼子里，造成空气流通不畅、质量太差，也可避免下层竹鼠身上湿透污秽现象。

（5）若随车人员中途要停车吃饭、休息等，应选择相对安静的饭店，避免嘈杂带来的应激。

（6）汽车中途尽量不要加油，若确要加油，在加油站不要打开车窗。汽油异味会引起竹鼠的不安和躁动。

（7）到达目的地后不要急于将竹鼠卸车。需打开车窗和半开后门，让竹鼠适应温差的变化和路途颠簸突然停下的改变。20 分钟后，再慢慢卸笼子。

（8）卸车时应将鼠笼一起放入圈池内，切忌用手把竹鼠直接从笼子里面抓出来或用夹子夹出来，竹鼠这个时候由于恐惧一般会向后缩，不愿意出来。放进圈池后，只要把鼠笼门打开，然后离开，待安静后，竹鼠自己会爬出来，然后将空笼子收走。

（9）暂时不要喂精料，只给它喜欢吃的粗料。饲料尽量与原场相近，然后采取饲料过渡；注意遮光和安静。

（10）每隔 4 个小时逐一检查，发现精神萎靡的、有外伤的，及时隔离治疗。

22 如何选择种鼠？

母鼠不管是野生鼠，还是驯养的竹鼠，都要选择 1.5kg 以上的母鼠为佳，身体健康强壮，产仔率高，母性强，采食力强，标准是提起竹鼠的尾巴，看其下腹部要圆挺，乳头足够大，如果干瘪下陷就不可用。

公鼠一般比母鼠小些，繁殖出来的公鼠一般 8 个月就性成熟，体重一般 1 ~ 1.5kg，公鼠要求是背平直，毛发光亮，健壮，睾丸显著，性欲旺盛，耐粗饲，不打斗。交配动作快，精液品质优良。过肥就不适合做种鼠。

不管是种公鼠还是种母鼠，其形态特征要与其品种特性相符。

23　种公鼠与种母鼠的比例是多少？

公、母配种比例为 1:2 ~ 3，以 1:1 较好。

第三篇 竹鼠饲养场建设

24 如何选择竹鼠养殖场址？

根据竹鼠的生活习性和生长繁殖特点，竹鼠饲养场场址应选择在地势干燥、排水良好、冬暖夏凉、受外界干扰少而安静的地方，同时，还要考虑采集饲料方便，便于运输和防疫管理等条件。饲养房坐北朝南，能防风保暖，光线适当阴暗。

25 饲养舍的建造应具备哪些基本条件？

竹鼠饲养舍不需特别的讲究，在一般房屋内、地下室和大棚内均可养殖，但要具备以下几个基本条件。

通风：饲养室应尽量做到通风良好，空气新鲜，冬天防止冷风侵袭，夏天保持室内凉爽。通风不良，饲养室时冷时热会影响正常的生长繁殖和发育，容易引起感冒和中暑等疾病。

温湿度：竹鼠喜温暖、干燥、洁净的生活环境，饲养室要注意适当的温湿度，在炎热的夏季，室温应控制在32℃以下，在寒冷的冬季，室温应控制在 5℃以上，最好控制在 15 ~

20℃，这样冬季产仔成活率高。相对湿度应控制在 50% ~ 60% 为宜。

光线：竹鼠喜欢生活在弱光环境中，饲养室应光线适当阴暗，夏天要避免阳光直射。

安静：饲养室周围环境要安静，避免整天喧闹，以免竹鼠造成恐惧，影响生长和繁殖。

防逃：饲养地面要铺设水泥混凝土，地面坚硬光滑，便于清扫和铲除粪便，同时，防止掘洞逃逸。四周墙壁用水泥、河沙、石灰浆拌并粉刷光滑，以免竹鼠攀岩从窗户逃走。

26　竹鼠的圈舍可以设计成哪几种类型，如何设计？

饲养竹鼠的圈舍较为简单，各地在养殖中，要根据当地条件，就地取材，尽可能选用简单易行，便于饲养操作和管理，又最大限度地节约固定成本的投入。现介绍几种圈舍建造方式，供饲养者选择和参考。

（1）移动式圈舍

可用废油桶、陶瓷缸、预制水泥板等制作。废油桶、陶瓷缸的直径应在 40cm，深度 70cm 为宜。用陶瓷缸制作时，不能口窄肚大，以免起蒸汽水，造成湿度过大，预制水泥板的规格为 2.5cm×60cm×60cm×60cm（厚×长×宽×高）。上下两端安置铁丝，铁丝露出水泥板 3~5cm，然后用四块水泥板拼凑起来，为一个养殖圈舍。移动式圈舍的好处是：可根据气温的变化更换场址，或场地租用期满，便于搬迁饲养场址。一般一个桶（瓷缸）、池内可饲养 1~2 只。但桶（缸）内活动余地少，不便于配种繁殖（图6）。

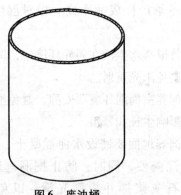

图 6　废油桶

（2）固定式砖池圈舍

固定式砖池圈舍要建立在水泥地板上，主要建筑材料是红砖、水泥、河沙。要求达到防逃、便于清扫粪便和投食，在形式上可以多种多样，主要有以下几种形式：

①单池型

如图 7 所示，一般一个单池面积 $0.3 \sim 0.36 m^2$。内墙壁用水泥沙浆抹平且光滑。单池舍主要用于饲养怀孕后期或产仔哺乳期的母竹鼠或后备种竹鼠。一池饲养 1 只。

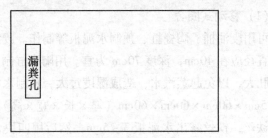

图 7　单舍池（50cm×60cm）

②连通池型

在单池型的基础上，用一排或两排靠背连起来，把 2 个或 3 个、4 个舍池串通（图 8）。面积可扩大，上面不用盖子，周围不必做门，一般以 5 层红砖高为度（60cm），过高不便于清扫和通风降温，降低会逃跑。池内用水泥抹平且平滑，一个串池根据面积的大小可饲养 5～15 只，有了串通舍池，能自然形成一个便于活动和休息的场所，使公母鼠保持活泼和正常的性功能，便于竹鼠交配。在养殖过程中只需检查怀孕竹鼠，不需要观察发情情况，产仔率较高。同时，还可最大限度地利用地面面积。

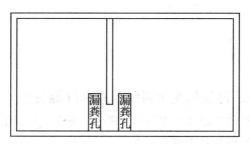

图 8　连通池（50cm × 70cm）

③大小水泥池型

用红砖砌成 70cm 高的墙围，内墙壁用水泥粉光滑抹平。每个池面积 1～4m^2。池内放置空心水泥预制砖，以便竹鼠休息。每池可饲养 20～40 只竹鼠。缺点是竹鼠容易感染寄生虫，采食不均造成个别竹鼠瘦弱，配种时因争夺发情母鼠造成咬伤。建设竹鼠养殖场的饲养舍池，可二型并用（图 9）。

图 9　大小水泥池

23

第四篇　竹鼠的繁殖

27　公竹鼠的生殖系统包括哪些器官？

公竹鼠的生殖器官由阴囊、睾丸、副睾、输精管、副性腺和阴茎等生殖器官组成。

28　公竹鼠各生殖器官有什么生理特点与作用？

（1）睾丸

睾丸是主要性器官，位于阴囊内。阴囊位于两后肢股下，耻骨后上方，幼年公竹鼠阴囊很不明显，成年公竹鼠睾丸较大，一对位于阴囊中，呈裸露状，长1.2cm，宽1cm。

（2）副睾

副睾紧附于睾丸上。是贮藏精子的场所。曲精细管中产生的精子，经直精细管，到副睾停留一段时间（约48小时）才有受精能力。时间过长，则逐渐衰老死亡，失去受精能力，最后被分解吸收。

睾丸和副睾都位于阴囊内，阴囊是一个袋状的囊。竹鼠的阴囊位于两大腿之间，趾骨的后方。因精索短，提睾外肌不发达，阴囊紧贴于尿突口下面，和附近皮肤无界限。

（3）输精管

输精管是由副睾伸延出来的两根小管，向上经腹股沟入腹腔，在膀胱背侧膨大部称壶腹，末端开口于生殖道背侧。主要机能是从副睾将精子输出到生殖道。输精管从副睾尾上行时，和精索动脉、精索静脉、提睾内肌、淋巴管及神经等组成精索，外包有鞘膜。

（4）副性腺

副性腺有精囊、前列腺和尿道球腺，都位于输精管末端、阴茎附近。并开口于尿生殖道。副性腺分泌的液体，与睾丸来的精子共同组成精液。

（5）阴茎

阴茎是交配器官，将精液输送到母鼠子宫颈部，又是尿液排出的管道，故称泌尿生殖道。整个阴茎可分根、体、头三部分。呈圆柱状，长度 2～3cm。阴茎头较小，是鉴别性别的主要标志。阴茎根由两个阴茎脚附着于坐骨弓，阴茎体由阴茎海绵体和尿道海绵体构成，海绵体由很多血窦和平滑肌组成。血窦充血时可发生勃起。两个海绵体之间有直走的尿道。阴茎外面的皮肤称为包皮，具有保护阴茎的作用。

公竹鼠性成熟以后，就具有性活动。生殖器官发育完全，可产生性细胞，并有性欲要求，出现第二性征称性成熟。性活动是指性欲、阴茎勃起、交配和射精等性行为。

29　母竹鼠的生殖系统包括哪些生殖器官？

母竹鼠生殖器官由卵巢、子宫、阴道和外阴等组成（图10）。

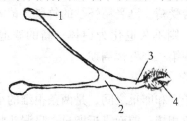

图10　母竹鼠生殖系统示意图

1. 卵巢　2. 子宫　3. 阴道　4. 外阴

30 母竹鼠各生殖器官有什么生理特点与作用?

（1）卵巢

卵巢成对，是母竹鼠的主要性器官，能产生卵细胞和分泌雌性素（卵巢酮和黄体激素）。卵巢的大小、位置根据年龄而稍有不同。卵巢分皮质和髓质两部分。皮质在浅层，它的表面被有一层生殖上皮细胞。生殖上皮细胞分裂发育的滤泡就位于皮质内。滤泡有其发生和发展过程。首先是生殖上皮细胞分裂多次，成为卵母细胞，每一个卵母细胞被一层滤泡细胞包围，称为原始滤泡。原始滤泡中的卵母细胞逐渐长大，滤泡细胞也由此分裂，层次不断加厚，成为初级滤泡。初级滤泡不断生长，中央形成空腔，分泌滤泡液，内含滤泡激素（又名卵巢酮或动情素）。它的作用可促进性欲的产生、性器官的发育和出现第二性征。滤泡不断成熟为次级滤泡和成熟滤泡，而后破裂，卵细胞从其中排入输卵管，叫排卵。

排卵后，滤泡血管破裂。流入的血液凝固称为红体。而后血块被吸收，为黄体细胞所代替，即改名黄体。黄体可以分泌黄体激素（又名助孕素）。它能使子宫黏膜增厚，分泌液增多，便于受精卵埋植；又可降低子宫平滑肌的兴奋，保证安静受孕，且抑制新的滤泡成熟，不再出现发情。黄体存在的时间，决定于是否受精。已受精怀孕的竹鼠，黄体保存到妊娠末期；如未受精，则不久退化为白体；新的滤泡又开始发育成熟，母竹鼠出现第二个发情周期。

（2）输卵管

输卵管在子宫和卵巢之间，是两条很细的小管。近子宫的一端，与子宫角相接；前面靠近卵巢，呈漏斗状开口，称输卵管，输卵管的前1/3处是受精的地方。

（3）子宫

子宫是受精卵发育成胎儿的器官。位于腹腔后部和骨盆前部。处于直肠和膀胱之间。分子宫颈、子宫体和子宫角。竹鼠子宫体已退化，无子宫体。子宫颈突向阴道内，平时是闭合的。发情时略为开放，分娩时完全松开。子宫呈直角形，很发达，长达7cm，但比较硬实且细，与输卵管相接。

（4）阴道

阴道既是交配道又是产道。是指从子宫颈到外阴的部分，与外界相通部分叫阴门。阴门两侧为阴唇，竹鼠阴唇很不发达，前庭底壁黏膜有阴蒂。母竹鼠发情时阴蒂向阴门外翻，由白色变鲜虹色再变成白色。然后收回阴门内，是发情鉴定的主要依据。尚未性成熟的母鼠外阴部被阴道膜封闭，尿道开口不在阴道，尿液通过圆锥的尿道突起排出体外。

母竹鼠性成熟后，周期性地出现性活动。第一次性活动开始，到第二次性活动出现，称性周期。全期可分性兴奋期、性抑制期和性均衡期。性兴奋期母竹鼠表现食欲减退，性凶烈，出现性欲；外阴肿胀、阴道流出黏液等变化，称为发情。此时，应及时配种，提高受胎率。

31　竹鼠什么时期可以达到性成熟？

9～10月龄后性成熟，11月龄可配种。

32　竹鼠有明显的发情季节吗？

竹鼠一年四季发情。但竹鼠的繁殖具有一定的周期性和季节性，一般春、秋两季是竹鼠的发情配种旺季。

33　竹鼠的妊娠时间是多长？一年可产几胎？

母鼠怀孕期为60天，一只母竹鼠每年繁殖3胎。

34 母竹鼠在一个繁殖季节有几个发情周期，其间隔时间是多长，每次发情持续时间多久？

母竹鼠在繁殖季节一般可出现 2~4 个发情周期，发情间隔的时间平均为 15~17 天，个别的长 20~30 天，每次发情持续的时间 3 天左右。

35 发情鉴定有什么重要意义？

发情鉴定在竹鼠配种工作中非常重要。竹鼠进入配种阶段后，不进行发情鉴定就把公、母鼠随意放在一起，往往会造成公、母竹鼠相互咬伤的情况，这样就不能顺利交配。在发情早期，虽然母竹鼠能接受交配，但迫于强制性，往往配种效果不够理想。正确地掌握母竹鼠的发情情况，不仅可以顺利交配，而且能提高母竹鼠的受胎率。

36 如何鉴定竹鼠是否发情？

发情鉴定以检查外生殖器为主，放公竹鼠试情为辅，观察求偶表现，综合分析确定是否发情。

（1）外生殖器变化

达到性成熟和体成熟的公竹鼠睾丸大，裸露于两后肢股下，阴囊舒松下垂，有弹性。个体重达 1kg 以上。没有达到性成熟和体成熟的公竹鼠睾丸小，睾丸囊紧缩，个体重达 1kg 以下。

没有发情的母竹鼠外阴部被阴毛遮挡，阴门紧闭，阴毛成束。发情的母竹鼠外阴部变化可分三期：前期表现阴毛逐渐分开，阴门肿胀，光滑湿润，呈粉白色，用手提起尾巴，阴唇向外翻出。中期表现阴毛向两侧倒伏，阴门肿胀更大，隆起。用手提起尾巴，阴唇外翻，湿润且有白色黏液。后期表现外阴肿胀与前期相似，但经产的母竹鼠有小皱纹，稍见干燥，呈紫红色。多数母竹鼠在前后两期交配，不易受胎。中期则易接受交配，受胎效果也较好。

（2）活动表现

发情的母竹鼠性情兴奋，活动频繁，向笼舍四周爬越观望，人为去捕拿性情变得凶恶。

（3）观察试情表现

发情的母竹鼠兴奋地在圈舍四周回旋。当公竹鼠进入其笼舍后，主动接近公竹鼠。发出温柔的"咕、咕"求偶声，发情较差和没有发情的母竹鼠抗拒公竹鼠进入其笼舍，表现敌对行为，发出恐吓的尖叫声，甚至与公竹鼠拼搏撕咬，此时必须立即分开，以免咬伤或残杀致死。

37 竹鼠的交配表现是怎样的？

交配前公母竹鼠在圈舍内相互追随周旋，公竹鼠头顶母竹鼠颈部发出"呵、呵"的叫声，进行求情调戏。约一个小时后，公母竹鼠在环境安静的情况下，母竹鼠伏地不动，两后肢撑起，公竹鼠爬跨，两尾交叉，公竹鼠尾部来回抽动，即为交配，交配后公竹鼠舔母鼠外阴部。

38 竹鼠的配种在什么时间进行较好？

一般春、秋两季气温适宜，种公鼠性欲最旺盛，精液品质也好。母鼠每次发情期为 1～3 天。夏季气温高，种公鼠性欲低下，其射精量和精液浓度下降，常出现不孕现象，因此夏季有 2 个月的时间不能配种繁殖。如果夏季需要进行配种，必须采取防暑措施，营造好的环境，保持舍温 20～30℃，否则不能正常繁殖。种公鼠的性活动多在夜间最强烈。所以晚上进行配种是比较合理的。

39 竹鼠应采取哪种配种方式较好？

一次配种空怀率高，配种次数过多，生产效果也不理想，配种方式通常采用连续复配，即在一个发情周期内，将公竹鼠放入母竹鼠圈舍内，让其同居 3 ~ 7 天，或者更长时间，进行自由多次交配。

40 什么叫竹鼠放偶，放偶的最佳时间是什么？

放偶是人为地将公、母竹鼠放在一起，以促其完成交配。放偶时间应在下午，以便公竹鼠适应新的圈舍环境和熟悉母竹鼠。同时，也是种竹鼠性欲最旺盛的时候，容易达到交配受胎。

41 如何进行配种？

放偶前夕，用手捉母竹鼠尾巴提起，进行最后一次发情鉴定，并以外阴部变化为主，确认进入发情初期后，将公竹鼠放入母竹鼠的圈舍一角，观察确有发情求偶表现，只要不是近亲交配且公母鼠不会互相排斥撕咬就可，有时候母鼠会排斥公鼠，你可以把母鼠放入公鼠窝内，也许就不会排斥了。交配时公母鼠都会从鼻中发出一种"呼呼"的声音，并相互间用牙齿轻轻撕咬对方的毛发以示亲昵，这样就表示相互间接受了。交配时你得观看一会儿，如果互相打架，应及时分开，以免损伤，损伤后的公母鼠应该过段时间再交配，所以说观察一会儿是很重要的。一般上午交配，下午查看，晚上交配明天早上查看，确定交配好后，可立即分开，也可让它们继续相处，3 ~ 5 天后交配好的母鼠自然会驱逐公鼠，到时只需将他们分开就是。

42 公竹鼠交配的正确使用频率是多少？

种公鼠的配种强度应适当，每日 1 ~ 2 次，最多不能超过 4 次，配种负担重或配种频率过高，持续时间又长，就会造成公鼠性欲减退、精液品质下降，从而影响配种效果。

43 在竹鼠的配种工作中有哪些注意事项？

在配种时应注意以下几点：

（1）尽量减少强制交配

配种目的是为了繁殖仔竹鼠，不能单纯为了追求交配进度，采用生硬办法强制交配，实践证明效果不好。

（2）防止咬伤

多在发情鉴定不准，或个别母鼠对公鼠有选择性，或放偶方法不当，强行交配的情况下发生咬伤。如发现公母鼠相互撕咬，应尽早分开，以免造成伤残。

（3）防止逃跑

配种期间，公母竹鼠活动频繁、兴奋，每天早、中、晚要检查圈舍，是否有被咬破的情况，防止逃跑。

（4）防止近亲交配

要将母竹鼠和公竹鼠编写牌号，建立谱系，防止近亲交配。以免造成产仔数量少，幼仔生命力弱的不良后果。

（5）注意选种选配

要把产仔多、护仔性强、后代生长快或性情较温顺的公母竹鼠留作种用，达到提纯复壮和品种改良的目的。

44 如何提高竹鼠的受胎率？

要想提高竹鼠的受胎率，应采取以下三方面措施：

（1）复配

在正常情况下，大多数母鼠发情后交配一次即可受孕。为了提高受胎率，增加产仔数，当母鼠发情后立即提出来与公鼠配种。配完后 1 小时左右将公母分开，隔 5 ~ 6 小时再用同一只公鼠再配一次。采取复配方法，一般可增加产仔数50%左右。

（2）双重交配

即一只发情母鼠，连续与两只不同的公鼠进行配种，这两次交配间隔不超过10分钟，这种方法，实际上是补配一次，也有利于提高受胎率。

（3）加强饲养管理

在配种后的初期饲料营养要全面，但不能给予能量过高饲料，搞好环境卫生，保持圈舍相对安静，避免竹鼠强烈运动。

45　如何提高竹鼠的年产仔数？

为提高竹鼠的产胎数，获得一年4～5胎，每胎4～6只的高产，可采用"血配"方法，即产仔后12～48小时又配种。具体方法为：产仔时，将公母竹鼠分开，母鼠产仔后经12小时，已给仔鼠哺完初乳，情绪稳定，并有寻找公鼠的表现时，可在产仔后12～48小时内，两次将母鼠捉出放入公鼠笼舍内，与不同的两只公鼠交配。第一次捉出时间可在产仔后12～24小时，第二次捉出时间在产后25～48小时，两次时间间隔12小时以上。每次合群的时间为1小时，配完种后在将母鼠放回窝内哺仔。在实际操作中不提倡血配，因其有损母鼠使用年限。

46　母竹鼠妊娠后有什么表现，妊娠期应注意些什么？

母竹鼠一旦受孕后表现相对安静，怀孕25～30天时，母鼠腹部膨大，稍往下垂。随着时间的推移，其腹部膨大下垂现象明显。怀孕末期，乳房发育迅速。

在妊娠期，投喂的饲料要多样化，且相对稳定，以免造成拒食、下痢、流产、死胎、缺乳等不良后果。在妊娠期必须保持环境清洁、干燥、舒适、安静，防止母鼠惊恐，以免流产。同时在母鼠妊娠期，一般不要捕捉。

47 生产中如何进行早期妊娠诊断？

竹鼠交配后 10~15 天阴门内有白色胶状栓，以后栓子脱出，受精卵逐步发育成胚胎。

48 母竹鼠临产期有何表现？

母鼠怀孕后期腹部膨大、乳头直立呈红色，乳头基部隆起，乳头周围毛脱落，即进入临产期。产仔前 3~5 天，母鼠用牙拔掉乳头四周的毛，使乳头露出，以使日后仔鼠吮吸。临产前，母鼠少食 1~2 餐，行动不安，有腹痛表现，发出"嗄、嗄"叫声，后腿变弯蹲如排粪姿势，并叼草做窝。

49 母竹鼠的分娩过程是什么？

阴部排出紫色或粉红色的羊水和污血。产仔时仔鼠头部先出，然后是身体落地。接着母鼠咬断脐带吃掉胎盘，舔干仔鼠身上羊水。产仔一般需要 2~4 小时，快的 1~2 小时。

50 初生仔鼠如何护理？

初生仔鼠由于体温调节机能尚未发育健全，体毛潮湿，很易受冻。因此产仔笼舍要保持在 20℃以上，低于 20℃时，可安装 40 瓦灯泡放在笼舍内窝箱附近，供初生仔鼠取暖，以防初生仔鼠受冻。生长 1 周龄后常在笼网内活动，每天早晚均需检查母鼠和仔鼠的健康状况，如发现有仔鼠常在母鼠腹下乱拱或表现饥饿，无力活动，时常发出尖叫声，则是哺乳母鼠乳汁不足或缺乳的表现，可将仔鼠进行人工哺乳或代养。

第五篇　竹鼠的饲养管理

51　竹鼠的消化系统包括哪些器官?

竹鼠的消化系统包括消化管和消化腺两部分。消化管包括口腔、咽喉、食道、胃、小肠、大肠和泄殖腔,消化腺包括口腔腺、肝、胰及消化管壁内的许多小腺体,其主要功能是分泌消化液。

52　竹鼠的消化器官有什么特性?

竹鼠生活在竹林、竹与树混交林、灌木丛及草坡等地区,一般情况下,竹鼠的食物多为粗糙、含水分不多的箭竹、芦竹、棕叶竹、芒草等野生植物,无饮水习惯,为适应这种环境,竹鼠的消化道在形态和生理上产生了适应环境和生存需要的特点:小肠发达而长,为体长的2倍多,以加强消化机能。盲肠很短,为体长的40%左右,而它的大肠很特殊,很长,为体长的3倍多,以增加水分吸收作用,减少水分的流失,故竹鼠的粪粒十分干燥。同时,消化道内充满了食糜道内分泌细胞,再加上门齿锐利,咀嚼能力强,以适应竹类的特殊食性。

53 竹鼠的饲料营养结构有什么特点？

总体来说，竹鼠的饲料营养特点是：低营养、低能量。

野生竹鼠几乎是完全特化为以竹子为食的食植物性动物。在长期进化和适应过程中，为适应这种低营养、低能量的食物资源在觅食方面表现出一系列优化对策，往往选择鲜嫩可口、营养质量好的食物资源，从食物中尽可能获取营养和减少能量支出方向发展，从竹鼠对竹子取食行为观察发现，竹鼠选择竹子的竹叶、竹笋、幼竹竿的中段为食，而且咀嚼得很彻底。从营养分析来看，竹叶和竹笋是竹子中营养最佳的器官。如竹鼠喜食的冷箭竹的竹笋粗蛋白质含量为14.8%，竹叶粗蛋白质含量为15.5%，幼竹竿（中段）蛋白质含量为3.71%，而成竹为2.29%。

竹鼠在生长期和繁殖期所需要的蛋白质含量为12%左右，其他时期保持在10%就可以满足需要了。在人工养殖条件下，若用占饲料总量10%～20%的精料，提供80%竹鼠所需的营养，就可加速竹鼠的生长，或用占饲料总量80%～90%的青粗料（竹枝、玉米秆、甘蔗等）给竹鼠提供20%的精料。这样的食物结构，能保持竹鼠正常的生长发育、繁殖以及保持野生竹鼠肉用原有的特殊风味（表3）。

表3 竹鼠常用饲料的营养成分（%）

成分\类别	粗蛋白	粗脂肪	粗纤维	无氮浸出物	粗灰分	钙	磷
毛竹	2.5	2.87	50.38	3.92	1.86	0.19	—
毛竹鲜笋	2	0.2	1.0	2.9	0.7	0.04	
玉米	8.6	3.5	2.0	72.9	1.4	0.04	0.21
玉米秸秆	5.9	0.9	24.9	50.2	8.1	—	—
芦苇	11.40	3.33	42.38	42.38	11.9	0.38	0.34

（续表）

类别 \ 成分	粗蛋白	粗脂肪	粗纤维	天氮浸出物	粗灰分	钙	磷
甘薯	2.3	0.1	0.1	18.9	1.3	0.03	0.03
胡萝卜	0.8	0.3	1.1	5.0	1.0	0.08	0.04
高粱秆	3.7	1.2	33.9	48.0	8.4	—	—
南瓜	1.5	0.6	0.9	7.2	0.7	—	—

54 竹鼠常用的日粮配方有哪些？

仔鼠和成年母鼠的日粮配方：

①玉米 54%、麸皮 20%、花生麸 16%、骨粉 3%、鱼粉 7%。另按总量加 0.5% 的食盐。

②竹粉 19%、面粉 33%、玉米粉 12%、豆饼粉 13%、麦麸 18%、鱼粉 2%、骨粉 2%、食盐 0.2%、食糖 0.8%。

种公鼠的日粮配方：

玉米粉 54%、麸皮 20%、花生麸 16%、骨粉 3%、鱼粉 7%。

另外，可按饲料 1% 加入矿物质和维生素及必需氨基酸，如：叶酸、烟酸、氧化锌、D-L 蛋氨酸、碘化钾、硫酸锰、维生素 A、维生素 D、维生素 B_{12}、维生素 B_2、维生素 E 等。

55 竹鼠每天都采食较多植物性饲料，还会缺维生素吗？

维生素是维持生命的要素，它是维持竹鼠正常生理活动、生长、繁殖所必需的有机物。竹鼠不能自身合成，需要从饲料中摄取。只要经常喂给植物鲜根、茎及作物籽食，一般不会发生维生素缺乏症。在竹鼠繁殖期，有可能会缺某种维生素，需要补喂些维生素 E，以提高受精率。方法是补喂鲜胡萝卜、玉米籽等，或者将维生素 E 片每天 20 毫克拌入米糠或饲料中饲喂。

56 竹鼠所需要的矿物元素有哪些？

竹鼠所需要的矿物元素包括常量元素和微量元素。

常量元素有：钙、磷、钾、钠、氯。

微量元素有：铁、铜、钴、锌、锰、硒、碘、钼、铬等。

57 竹鼠的给水方式与其他动物有什么不一样的吗？如何进行给水？

水是构成竹鼠体细胞和组织的必需成分，营养物质的吸收、运送、代谢的排出、体温的调节等新陈代谢都离不开水。对维持竹鼠的生命来说，水比饲料更为重要。据饲养测定，体重为 1kg 的竹鼠，每日基础代谢所损耗的水为 18ml，其中 10ml 通过尿排出，通过皮肤、肺和粪便排出的水分为 3ml、4ml 和 1ml。因此每天需要喂给不少于 20ml 的水，以满足竹鼠的代谢需要。但是竹鼠比较特别，没有饮水习惯，而是通过摄取饲料中的水分来满足代谢需要。因此，必须按饲料含水量的多少进行正确搭配，以保证竹鼠不缺水。

58 竹鼠饲养常用的饲料有哪些？

竹鼠为食植物性动物，它的饲料主要是植物性饲料，多为较粗糙、含水分不多的饲料，包括谷物性饲料、果蔬饲料、禾本科草根和茎、竹类等。

（1）谷物饲料 含碳水化合物较多，也含有蛋白质、脂肪和维生素，谷物饲料一般占竹鼠日粮的 10%～20%，不要熟制，生喂就可以，如玉米、红薯、米糠、米饭等。

（2）果蔬类饲料 果蔬类含蛋白质、脂肪很少，但含水分、无机盐和各种维生素多，这类饲料有胡萝卜、凉薯、南瓜、苹果等，这类饲料可根据竹鼠日粮搭配的情况，适当进行饲喂。

（3）作物秸秆、竹类饲料 含粗纤维和木质较多，对竹鼠胃肠的容积和消化机能有促进作用，是竹鼠的主要饲料，鲜喂如芒草、山姜子、玉米秆、高粱秆、甘蔗根茎、芦苇、竹茎、竹叶、竹笋根、大豆根茎等这类饲料可用到占竹鼠日粮量的80%～90%。

（4）添加性饲料 在母竹鼠哺乳期，特别是哺乳1～30天内，为使母鼠有充足的泌乳，可在米饭拌糠中适当添加奶粉、进口鱼粉、骨粉、葡萄糖粉、地榆叶等物质，同时适当增加含水分的秸秆饲料。公鼠在种期日粮中添加维生素E。

59　根据生长发育特点，竹鼠可以分为哪几个阶段？

仔鼠：是指在哺乳阶段的鼠；

幼鼠：是指断奶后3个月以内的鼠；

成鼠：是指3月龄以后的鼠。

60　仔鼠的饲养管理要点是什么？

仔鼠的饲养管理主要做好以下几方面工作：

（1）营造安静的哺乳护仔环境；（2）掌握仔鼠的生长规律及特点；（3）定期检查仔鼠；（4）及时增补营养；（5）正确合理寄养；（6）科学断乳；（7）注意防寒保暖；（8）搞好清洁卫生疾病防疫工作。

61　仔鼠的生长规律及特点是什么？

刚生下的仔鼠，皮肤粉红、光滑、无毛，两眼紧闭，体重

约 30g（比野生初生重增加 1 倍），体长 6～8cm。出生后 7～8
天，仔鼠开始长毛，毛色呈深灰色，体重为 40～50g；出生后
20 天，体重为 100g 左右，开始开食；25～30 日龄，体重为
150g 左右，开始睁眼，能采食嫩竹笋、玉米籽等，但仍不出
窝，还继续吃奶。

62　仔鼠的日常检查主要包括哪些内容？

　　母鼠产仔后，母性很强，在 1～25 天内不能掀盖或打开池
门检查，观看仔鼠。应尽量保持安静隐蔽状态，不要惊动母鼠，
进行封闭式饲养，如需要检查，可听仔鼠发出的"咬……咬"
的叫声。有叫声，说明仔鼠生长正常；若整天整夜长时期发出
叫声，说明母鼠缺乳，应改进母鼠日粮，添加催乳的中草药和
增喂含糖分和水分的鲜秸秆。听不到一点吱吱声，说明仔鼠死
亡了，一般情况下，母鼠会自动把死仔鼠推到巢外。也可在母
鼠出窝活动、采食时迅速检查。检查时勿将异味带到仔鼠身
上，否则易出现母鼠弃仔、咬仔和吃仔鼠的现象。

63　如何为仔鼠进行营养补充？

　　仔鼠从出生开食至断乳近两个月的时间内，特别出生初期
完全依赖吮食母鼠的乳汁。鼠乳极富于营养，仔鼠食后基本上
全被消化吸收，因而生长发育很快。为保证母鼠的泌乳量，除
了每天投喂基础日粮外，还应给母鼠饲喂豆浆、奶粉或牛奶，
方法是：用消毒牛奶或豆浆或奶粉，加糖后拌入米饭拌糠的饲
料中投喂。为使母鼠在哺乳期获得充足营养，保证仔鼠健康发
育和不缺奶水，应给母鼠每天每只饲喂较充分的含水分和含糖
分较高的饲料。同时，要给母鼠补喂榆叶发乳，在拌和的精饲
料中添加骨粉、鱼粉（2% 比例），以防母鼠缺乏矿物质而咬
死仔鼠。

30 日龄仔鼠睁眼后能跟着母鼠采食，这时喂鲜嫩易消化的嫩竹、草茎、米饭拌糠、玉米籽，可保证母鼠和仔鼠获得足够的营养。

64 什么情况下仔鼠才能寄养？寄养的母鼠必须要具备什么条件？

母鼠有 4 对乳头，但有的无泌乳机能，大多数母鼠仅能哺 5～6 只仔鼠。若母鼠产仔多、乳汁又不能满足仔鼠正常发育的需要，或者母鼠死亡或母性不强应将部分仔鼠或者全部仔鼠给日龄与寄养母鼠所产仔鼠的日龄相近，泌乳充足或产仔少的母鼠寄养。寄养母鼠必须具备两个条件：①性格温顺。②奶水足，所带的仔不超过 3 只。

65 如何对仔鼠进行寄养？

寄养前把寄养母鼠的尿液和粪便用手搓涂抹在寄养小鼠的身上特别是裆部。寄养时最好在母鼠不注意或离窝时放进去。或者寄养母鼠的后腹部，让仔鼠自己爬进寄养母鼠腹部内，注意观察，以防止母鼠咬伤和抛弃寄养的仔鼠。

66 仔鼠若无法寄养，该如何处理？

若不寄养，可采取人工乳进行人工哺乳（表4）。

表4　仔鼠人工乳配方表（参考）

成分	用量	成分	用量
牛乳或羊乳	1 000ml	矿物质混合物	5ml
鸡蛋	1 个	鱼肝油	适量
葡萄糖	18g	复合维生素 B	适量

注．矿物质混合物：水 1 000ml，硫酸铜 1.2g，氯化锰 1.2g，硫酸亚铁 16g。

67　如何对仔鼠人工哺乳？

在进行人工哺乳时，乳汁要加温至 37～38℃，装入眼药水瓶或小塑料瓶中慢慢喂仔鼠。每天喂 4～5 次，时间为早晨、中午、下午和晚上 10：00 时，原则上以吃饱为止，但不能吃得过多。在一般情况下，由母鼠代养仔鼠的生长发育比人工哺乳的仔鼠要好，成活率高，而且人工哺乳是一项非常麻烦的工作。所以母鼠乳汁不足时，采用人工哺乳仅是一种补充方法，并且最好在不使仔鼠离开母体的条件下喂养。所以，加强怀孕后期和母鼠哺乳期的饲养管理，保证泌乳充足，使仔鼠健康生长发育是关键一环。

68　如何对仔鼠进行科学的断乳与分窝？

通常情况下母鼠产后 30～35 日就应对仔鼠进行断奶分窝饲养，仔鼠断奶和分窝要按以下原则进行：

（1）仔鼠断奶前要有足够的自主采食能力，通过自主采食量能满足自身生长发育营养需要。

（2）断奶时仔鼠必须长势良好，健康无病症，体重基本达到标准体重。

（3）仔鼠断奶分窝时天气状况良好，外界环境不会对断奶分窝造成较大刺激，分窝后，仔鼠环境条件不应有明显改变。

（4）分窝时应分批进行，每隔 3 天分一批，先分体质健壮的仔鼠，后分体弱仔鼠。分窝后，仔鼠可以群养。对分后仔鼠，尽量喂给嫩竹根、芦苇根、玉米和米糠拌饭以及奶粉，以利其采食和消化。不要喂得太多，以不剩饲料为准，否则，把剩余饲料堆放在一起，容易发霉变质。仔鼠采食发霉变质饲料，往往会引起肠炎。

69　如何对仔鼠进行防寒增温与防暑降温？

仔鼠出生后体表无毛，体温随着外界温度变化而改变，尤其是出生后 5 日以内易冻死，因此，在早春和冬季气温较低期间，气温低于 15℃ 以下产仔时，鼠舍要封闭门窗、挂草帘或棉帘，舍内有较高的温度。必要时应采取其他增温措施，但尽量不要使圈舍内光线太强，确保仔鼠不受冻害，提高产仔成活率，窝巢内要垫铺干燥、柔软的稻草或杂草，以使窝巢暖和，夏季天气炎热，要做好鼠舍内通风、降温、防暑工作。

70　哺乳期圈舍内需要打扫卫生吗？为什么？

对于产室，在母鼠哺育仔鼠期间不需打扫窝巢内粪便和食物残渣，母鼠会自动推出窝外。把推出窝外的粪便和采食间的食物残渣每天清扫干净，其主要目的是避免母鼠受惊，出现弃仔现象。直到 30 日左右断奶后，才进行一次窝巢清洁大扫除。

71　幼鼠的饲养管理要点是什么？

从离乳后到 3 月龄的竹鼠称为幼鼠，饲养幼鼠要注意以下几点：

（1）科学合理的饲喂制度。（2）合理分池饲养。（3）搞好清洁卫生。（4）注意温度调节。（5）做好防疫及驱虫工作。

72　仔鼠断奶后在饲喂方法上应注哪些方面？

离乳后的幼鼠，新陈代谢旺盛，生长速度快，需要充足的营养，但这时消化机能还较弱，对粗纤维的食物消化率低。因此，投喂幼鼠的饲料要新鲜、易消化、富含营养成分。大多为胡萝卜、竹笋蒂、芦苇根等多汁饲料，以及玉米籽、麦麸、干馒头等精饲料。同时，在日粮中添加少量鱼粉、骨粉等，以提高饲料的利用率，并能促进幼鼠的生长发育。投喂的饲料应保证质量，变质饲料会引起同群发病。食物种类必须保持相对稳定，如有变更，应有过渡适应时间。先加少量新的饲料，以后逐步增加。不要投喂刚洗过或淋雨后未干的果菜类新鲜饲料。也不要投喂坚硬、纤维素较多的竹类及植物茎饲料，因幼鼠采食过多难消化的粗饲料，易引起消化不良，腹压增高，腹壁紧张，粪不成形或排稀粪，病重呼吸急促。如不及时治疗，可在短时内死亡。食物种类必须保持相对稳定，若有变更，应有过渡期。

73 幼鼠的日采食量是多少？

幼鼠日采食量为 15～20g，每日投喂 2 次；上午少喂，下午多喂，量略大，因其夜间活动频繁，营养消耗较大，故应于下午多喂饲料。幼鼠生下 3 个月后体重可达 400～600g 之多。随时按体重增加饲料量和饲喂次数，原则为每餐采食后不余料。

74 如何对幼鼠进行分池饲养？

要按幼鼠体重大小、体质强弱分池饲养，每池可养 4～5 只以使幼鼠吃食均匀，生长发育均衡。对体弱有病的幼鼠，从中挑选出来，进行单独饲养，适当补充营养，以利于弱小幼鼠恢复体质，跟上健壮鼠的生长。

75 成鼠的饲养管理技术要点是什么？

成年鼠抗病力强，生长发育体重已达 1.2～1.5kg。饲养成年鼠要做好以下几项工作。

（1）维持相对稳定的饲养环境

成年竹鼠对周围环境的变化非常敏感，要求保持饲养环境安静，避免噪音；尽量不让外来人员参观。饲养人员操作要谨慎，不使竹鼠受惊，保证竹鼠快速生长。

（2）定时投喂饲料

尽量做到定时定量投喂，使竹鼠适应于特定的生活环境。一般早、晚各投喂一次食料。早上少投，晚上多投。日投喂量为每只竹鼠体重的30%～40%，其中秸秆粗饲料300～400g，精饲料50g。对于成年鼠的基础日粮，常年无须变更，若要更换饲料，应该逐渐增加新饲料的数量，同时相应地减少原有饲料的比例，使成年鼠对改变饲料有一个适应过程。

要保持投喂的饲料清洁卫生，不喂被农药污染的秸秆。下雨天采回的饲料及早晨割回的带露水的草茎，应晾干后再喂。高温季节，容易使秸秆粗饲料和果蔬类饲料腐败变质。饲料一旦变质，必须立刻停喂。

由于成年鼠牙齿长得很快，需要定期投鲜竹，任其啃咬磨牙。

（3）健康状况日常检查

（4）降温防暑

（5）保暖防冻

（6）清洁卫生

76 成鼠的身体状态一般检查主要包括哪些？

成鼠的身体状态一般检查主要包括以下几方面：

（1）看食量

健康的成年鼠，眼睛有神，食欲正常，日采食量为自身体重的30%～40%。如低于这个数字，是不正常表现。若发现成年鼠无精打采，食欲减退，长时间睡在池角里不出来活动，可能是患病的表现，应及时找出原因。

（2）看粪便

正常成年鼠的粪便呈粒状，表面光滑、褐色（粪便颜色与所吃食物有关）。如果粪便排量少，形状小，重量轻，硬而不易弄碎，说明患了便秘。如果粪便形状大，不成粒状，含水量多，易碎，肛门周围还沾有稀粪，这是患了肠炎等疾病引起腹泻。有此种情况，除改变投喂的食物外，还要服用土霉素或注射氟苯尼考。

（3）看尿样

每天打扫卫生时，见到笼、池内尿印明显，微湿，这是正常成年鼠的尿。如果尿浸湿窝草，扫粪不动，则表明饲料水分过高。笼、池内不见尿印，说明饲料水分过低。

（4）看毛色

正常的成年鼠无论是青色、灰色或黄褐色，毛色均光亮。如毛色枯燥、直立不在换毛季节脱毛、背部毛分开时现皮，表明不正常。其原因是：饲料营养成分不全；阳光直射，室内温度超过35℃或低于-5℃；打架斗殴受伤；染上某种疾病等。

（5）看体型

正常的成年鼠体型粗壮，头颈、体一般大，眼小有神，用手抓其皮，紧且有弹性。提起尾巴，后腋饱满，腋下皮不起皱呈红嫩色。若前大后小，皮肤松弛，没有收缩力，两眼陷凹，无精打采，消瘦也是有病的表现，应注意仔细观察。

（6）看牙齿

野生竹鼠由于挖土打洞，牙齿摩擦得锋利洁白，老龄鼠才变黑。家养竹鼠没有打洞的条件，牙齿缺少泥沙的摩擦，各种食物沾染上了牙齿，所以成年鼠的牙齿变成黑红色。如果发现牙齿越来越长，使嘴唇闭不拢，影响采食时而死亡，应用剪刀帮助剪除，或者舍内采食后放竹竿、木棒让其自由啃磨。

（7）看活动

正常的成年鼠行动活泼、雄健，平时喜欢抬头伸脖，"洗脸"，后脚直立攀壁爬杆，寻食争食，咬屎远扔，用草做窝，蜷缩成半圆形，低温争窝，常温嗜睡。如发现反常现象，必须查明原因，对症处理。

（8）听叫声

在饲养管理过程中，当听到"唬、唬"的吼声，定是打架斗殴。当听到"嗯……嗯"的低长声，则是受伤严重或其他原因引起的缘故，听到"叽、叽"的叫声时，这是喜添幼仔的表现，应及时做好护理工作。听到"咕、咕、咕"的声音，这是公母鼠在调情。听到似婴儿般的哭声，则是母鼠发情求偶。如叫声音调低而转弯，证明竹鼠正在交配。

77 如何对成鼠圈池防暑降温？

夏季当饲养室温度达到 35℃ 以上，室内通风又不良，饲料中水分不足时，个体肥壮的成年鼠极易发生中暑死亡。因此，气温高达 35℃时应采取降温防暑措施。

（1）增喂多汁饲料。竹鼠夏季中暑死亡多因缺水作为诱因，而竹鼠本身无饮水习惯。所以为了补充水分，在投喂的粗饲料中，鲜玉米秆、高粱秆、凉薯等多汁饲料应占 50%，每只成年鼠每天不少于 20ml 含水量的食物，投喂的次数由每天2 次增加至 3 次。

（2）降低饲养密度。小池饲养成年鼠不超过 2 只，中池饲养的，不超过 5 只，要防止晚上竹鼠拥挤而死亡。

（3）搭棚遮阳。建池饲养的，在屋顶地面饲养夏天要搭棚遮阳。棚楔上再搭架种瓜或葡萄，以减少阳光直射。在室内饲养的，白天放下帘，防止阳光晒到鼠池，若放窗帘后，室内闷热，要用电扇降温。但竹鼠又怕风、电风扇不直接吹到其身上，应让风吹到墙上，促使室内空气流通降温。晚上要开门、掀开窗帘，让空气对流降温。

（4）浇水降温。要在池里垫细沙，厚 15cm 左右。每天在细沙上浇 3~4 次凉水。一次浇水不宜太多，以地面湿而不积水为宜。

（5）及时抢救。如出现较轻微中暑现象，山区农村饲养成年鼠，可补喂金银花藤、茅草根、嫩竹叶和大青叶等清热解毒药物作饲料。中暑严重者还可用湿沙将其全身埋住，只露出鼻子和眼睛。或凉水直冲鼠的头部及全身，或肌注强心剂和安乃近等药物。

78　如何为成鼠圈池防寒保暖？

竹鼠怕冷，易患肠炎而死亡。秋、冬季节要防止冷风直吹进圈池，当气温下降至10℃，圈池内要加垫草以保温，且要勤换，同时保持垫草干燥，直到次年春季。当气温上升到20℃时，方可少垫窝草。

79　种公鼠的饲料营养要求是什么？

饲养种公鼠的目的，是配种和提高受精能力。而种公鼠的配种和受精能力首先取决于精液的数量和质量，精液的质量又与营养有着密切关系，尤其是与蛋白质、维生素和矿物质关系甚大。因此，对公鼠投喂的饲料力求营养全面，但不能喂得过肥，应保持繁殖体况。肥胖公鼠容易生去配种能力。投喂种公鼠的精饲料有冬芒草、象草、甜高粱秆、玉米秆、嫩竹竿、米糠、甘蔗、甘蔗根、胡萝卜等。

在配种期间，由于公鼠性欲增加，活动激烈，营养消耗大，每天投喂的日粮中应含有足够的蛋白质，维生素 A 和维生素 B_1、B_2，以及维生素 E、烟碱、矿物质。日喂食 2 次。

80　种母鼠根据其生理特点可分为哪几个时期？

种母鼠根据其生理特点可分为：休情期（空怀期）、怀孕期、哺乳期 3 个阶段。

81　种母鼠在空怀期的饲养管理技术要点是什么?

母鼠在休情期间，保持一般饲养管理水平，不能养得过肥或过瘦，否则，容易不育。为使其正常发情、排卵和受孕，此期应以青粗饲料为主，适当搭配少量精饲料，使其保持中等肥度。做好日常卫生管理工作。

82　种母鼠在怀孕期的饲养管理技术要点是什么?

母鼠怀孕期约 60 天，在母鼠怀孕期，不仅自身新陈代谢期需要营养，而且还要满足胎儿生长发育所需的营养；怀孕后期还要为泌乳作准备。因此，怀孕期母鼠的饲养要保证一定的蛋白质、钙和磷等多种矿物质和微量元素。同时，投喂的饲料要新鲜、干净、多样化，并保持相对稳定，不能突然变动和投喂霉烂、含水量过多的饲料，以防造成拒食、下痢、流产、死胎、缺乳等不良后果。

母鼠怀孕后嗜睡，性温驯，要及时将公鼠分笼、分池，把母鼠单独饲养。要保持环境安静、舒适、注意防止受惊，饲养人员操作要轻稳，不要在场内乱窜、喧哗，并谢绝外来人员参观。严禁换舍和捉拿、运输，以免引起流产。经常保持舍内有清洁、干燥细软的垫草。

83　种母鼠在哺乳期的饲养管理技术要点是什么?

母鼠分娩到仔鼠断乳这一段时期为哺乳期。哺乳期间的饲养管理工作是保证母鼠健康和仔鼠正常生长发育。

①仔鼠的生长发育和健康，完全取决于母鼠的泌乳量和品质。据观察，母鼠每天的泌乳量在 100mg 以上，足以满足仔鼠一天的需乳量。鼠乳的营养价值很高，所含营养成分几乎和羊奶差不多，为确保仔鼠健全发育，使母鼠不缺奶水，在整个

哺乳期都要给母鼠投喂富含蛋白质、维生素及矿物质的饲料，并适当增加饲料量。同时在哺乳后期每天还应适当加喂少量牛奶或奶粉或豆浆，以增加母鼠的泌乳量。

②有些母鼠，分娩后48小时发生吃仔、咬仔或扒死仔的现象。产生这种恶癖的原因，主要是分娩时人用手摸仔鼠，或分娩后缺食、缺水、缺乳，或窝室内不干净，有异常气味，或分娩时受惊等。若母鼠一旦养成了吃仔的习惯，其恶癖就难改掉。因此，在饲养母鼠过程中要注意：分娩时人不能在旁观看和用手去摸；保持环境安静；分娩后要投喂足够的食物，并适当给予多汁饲料，矿物质和维生素拌在精饲料中投喂；窝室要保持清洁干净；对已有恶癖又确实难改的母鼠，应予淘汰。

③在哺乳期，每天早晨观察母鼠粪便、尿样、食欲、哺乳、仔鼠生长等情况。若发现母鼠吃食不多，或窝室粪便很多，或窝室内流出大量的尿水和死亡的仔鼠时，则应检查母鼠奶水是否不足或过多，或有无乳房炎或患痢疾、肠胃等疾病，并及时对症处理和医治。否则母鼠很难哺育好仔鼠。

④在哺乳期内，哺乳母鼠的窝室谢绝让人参观，不用打扫卫生，相邻窝池的竹鼠不能人为刺激发出凶猛的叫声，以免惊扰母鼠而咬死仔鼠。一般母鼠会自动到投料、活动室内采食。至于窝室内的粪便和残食，母鼠也会自动推出室外。窝室的清洁卫生可在仔鼠满20日龄后进行清扫。

⑤根据当地的气候特点，应相应调节好哺乳母鼠房舍的温度。一般舍温保持在8~27℃，夏季气温超过30℃又特别闷热时，要用电扇吹风。冬季舍温不能低于5℃，最好保持在15℃左右，特别是季节更替时要防止贼风侵袭窝室，因贼风不仅影响母鼠、仔鼠正常生长发育，还会引起各种疾病。

第六篇 竹鼠常见的疾病防治技术

84 竹鼠常见的疾病可分为哪几种?

竹鼠和其他动物一样,常见的疾病根据其发生原因及特点等可分为:(1)传染病,如:大肠杆菌病、巴氏杆菌病等,其病因主要为病原微生物;(2)内科病,如:胃肠炎、感冒等,其病因主要是由于饲养管理不当引起的;(3)外、产科病,如:脓肿、子宫脱等,其病因主要是由于竹鼠相互打架咬伤或分娩引起的;(4)寄生虫病,如:线虫病、螨虫病等,其主要是由相应的寄生虫引起。

85 竹鼠的疫病防治应该采取哪些控制措施?

疾病预防主要是消灭传染源,切断传播途径,保护易感动物,是保障动物安全的有效措施。恶劣的卫生条件是引起疾病的重要因素。如饲养密度过大;舍内潮湿、阴冷,通风换气不良,粪便不及时清除,饲料霉变都是导致竹鼠发病的诱因。所以竹鼠饲养场应制定一个有效的综合防疫规程,就是要实行严格消毒,保持食、舍洁净卫生,注意引种安全,加强饲养管理,提高免疫力,搞好药物预防。

（1）严格消毒

众所周知，动物传染病严重危害养殖业生产，不仅引起大批死亡，影响养殖业经济效益，还有一些人畜共患疾病严重威胁人民身体健康，影响公共卫生。任何动物传染病的流行必须具备三个基本环节——传染源、传染途径、易感动物群。兽医消毒的目的是消除传染源，即把病鼠通过粪、尿及分泌物排出到外界环境中的病源微生物杀死，从而切断流行过程的连续性，阻止动物传染病的传播。这是预防兽医学的主要内容之一。

（2）保证饲料、圈舍清洁卫生

饲料要新鲜多样，坚持不喂湿水未干或带露水的草料，不喂农药污染和发霉腐败的食物。同时每天消除粪便和残食、污物等需堆集在鼠外围的偏僻处，让其发酵，以便杀死细菌及寄生虫。每周更换一次垫草，保持舍室内清洁、干燥、透气，注意防雨、防风、降温、降湿、保温。防止采食被污染的饲料和天气突变造成疾病发生。

（3）加强饲养管理，提高免疫力

加强饲养管理，提高免疫力是减少竹鼠疾病的重要措施之一，要求饲养员每天要仔细观察竹鼠的粪便、采食量、精神状态有无异常，如出现变化应请兽医处理，发现疾病隔离治疗，专人饲养护理。对死尸应转移场外远离居民区、水源地深埋或烧毁，对被污染的场地、笼舍、用具及时消毒。另外应根据不同的生长阶段所需营养配给日粮，使其增强体质，提高抗病力。

（4）免疫接种及药物预防

竹鼠是近几年才进行驯养成功的一种经济动物。很多部门的专家学者对其组织结构、生理指标、疾病发生与治疗进行过探讨与研究，但疫苗接种预防疾病，在现阶段还没有单纯的疫苗或菌苗，根据湖南某地竹鼠研究试验情况看，试用生猪的猪瘟弱毒苗、巴氏杆菌弱毒苗、仔猪副伤寒疫苗来预防竹鼠同类疾病，无副作用和不良反应。另外就是在某些疾病流行季节来临之前和竹鼠根据不同生长时期易发某种病，有针对性地选用安全有效药物加入饲料中，进行全体预防或治疗，并在春、秋两季做好体内、外驱虫工作。

86 竹鼠养殖场常用的消毒药有哪些?

目前，临床上使用的消毒剂有醛类、碱类、过氧化合物类、含氯类、酚类、季铵盐类、碘制剂等。应根据各类消毒剂的特点、适用范围、消毒对象、微生物的抵抗力来合理选择消毒剂。使用消毒药应以高效、广谱、低毒、低残留、作用迅速、价格合理为原则。

87 怎样对竹鼠养殖场进行消毒?

尽管竹鼠的抗病免疫力很强，但人工养殖后，科学的给竹鼠养殖场的消毒环节必不可少，这是因为场地的人员流动大，环境复杂，栏舍内也容易孳生细菌，故基本的消毒工作也是必不可少的，一般把消毒级别分为强、中、低三级。

（1）每一次每个窝室的清栏（仔鼠断奶后在栏里待上一个星期后就可以清栏）都要进行一次中级消毒，6~7天后方可重新使用该栏。

（2）每10天应对养殖场内的过道及一些角落进行一次中级消毒。

（3）如有因为打架后不及时发现而导致伤口发炎而死或有其他不明原因死鼠的情况，应对该栏进行强消毒，强消毒10天后方可继续使用该栏。

（4）每个月应对所有窝室进行大面积的带畜低级消毒，进行这一消毒最好在清早进行，因为这时候栏内的食料最少。

做好竹鼠养殖池的消毒工作，对竹鼠疾病预防和控制有十分重要的意义。

88 如何防治竹鼠大肠杆菌病？

竹鼠大肠杆菌病是由致病性埃希氏大肠杆菌及其毒素引起的一种暴发性、死亡率很高的肠道传染病，主要以患鼠出现胶冻样或水样腹泻直至严重脱水为特征。

病原

大肠杆菌属于肠杆菌科，杆菌属，为革兰氏阴性中等杆菌，无芽胞、有鞭毛和菌苗，为兼性厌氧菌。是一种条件性致病菌，能够产生一种内毒素，同时还能够产生两种肠毒素。

大肠杆菌致病性的血清型比较固定，一般能引起竹鼠患大肠杆菌的血清型有 O_1、O_2、O_{18}、O_{85}、O_{119}、O_{142} 等 22 个血清型，但是能够引起竹鼠患大肠杆菌病的主要有 O_{128}、O_{119}、O_{18}、O_{26}、O_{85} 几个型别。

该菌的抵抗力较其他肠道杆菌强，耐热，60℃ 15 分钟仍有部分菌存活，对一般消毒剂敏感，对抗生素及磺胺类药等极易产生耐药性。

流行特点

大肠杆菌病发生无明显季节性，但气候多变的春、秋两季较多发生，各年龄段都可感染发病，体重 0.5~1kg 的竹鼠发病率要比成年竹鼠高，死亡率相对较高。大肠杆菌作为常在菌存在于竹鼠的肠道内，当饲养管理不当，气候环境突变以及突然改变饲料方式等应激因素存在，饲养密度过大也可诱发该病，促使大肠杆菌骤然繁殖，而产生毒素。

患病及带菌的竹鼠为主要传染源，传播途径主要为消化道感染。

临床症状

该病潜伏期 1~5 天。临床可分为：最急性型、急性型、亚急性型、慢性型。

最急性型：常不见任何症状即突然死亡。

急性及亚急性型：在临床上表现为初期精神沉郁、食欲不振，腹部膨胀，粪便变圆小，粪便表面有透明胶冻状黏液，继而竹鼠会出现四肢发冷、磨牙、流涎，眼眶下陷且有白色分泌物，严重者眼睛黏连不能睁开，迅速消瘦，体温无明显变化。随后排出水样粪便或者黄色水样稀粪，3~4天即死亡，呈脱水状。

慢性型：表现为排出一些不十分圆滑、两头稍尖，粪便干硬，表面有透明状黏液，进行性消瘦，一个月或两个月后死亡。

竹鼠大肠杆菌病若混合感染寄生虫及其他疾病，常症状表现严重，往往死亡率更高。

病理变化

病死尸体变轻，明显脱水。剖检后可见胃膨大，充满多量液体和气体，胃黏膜有出血点，肠腔内充满气体和充满胶样液，肠黏膜充血、易脱落。肝肿大、质脆；肺充血、水肿，常有散在出血点；有的病例肝脏和心脏有局灶性坏死病灶。

防治

（1）治疗

可做大肠杆菌药敏试验。

多粘菌素E：每天0.5~1mg/kg体重，肌肉注射；硫酸卡那霉素：5mg/kg体重，肌肉注射，每天3次；恩诺沙星：0.25~0.5ml/kg体重，肌肉注射，每天2次，连续3~5天。为了提高治疗效果，应同时进行补液维持电解质平衡。

（2）预防

该病发生与饲养管理有重要关系。应合理搭配饲料，保证一定的粗纤维，维持正常能量和蛋白水平；饲料更换要科学合理，应有7天左右的过渡期；加强饲料和饮水卫生，搞好环境卫生；对于断乳鼠，饲料中可加入喹乙醇、氟哌酸等药物进行预防，也可加入0.5%～1%的微生态制剂，连用5～7天可在一定程度上预防该病的发生。

89 竹鼠巴氏杆菌病临床上分哪几种类型，如何治疗？

巴氏杆菌病是由多杀性巴氏杆菌引起的急性热性传染病，竹鼠巴氏杆菌病急性型主要表现败血症和出血性炎症等为主要特征。

病原

多杀性巴氏杆菌，为革兰氏阴性、两端钝圆、呈卵圆形的短小杆菌。组织病料涂片，经姬姆萨或瑞特氏法染色，菌体两极着色较深。

该菌的抵抗力不强，在太阳曝晒和干燥的情况10分钟死亡；或56℃15分钟、60℃10分钟可杀死；干燥空气中2～3天死亡，一般消毒药较敏感，3%石炭酸和0.1%升汞溶液在1分钟内可杀菌，10%石灰乳及常用的甲醛溶液3～4分钟内可使之死亡。在无菌蒸馏水和生理盐水中迅速死亡，但在尸体内可存活1～4个月，在厩肥中亦可存活一个月。

流行特点

通常情况下，大部分竹鼠上呼吸道黏膜和扁桃体带有巴氏杆菌，但不表现出症状。当外界各种因素，如：气温突变、饲养管理不良、长途运输等，使竹鼠机体抵抗力下降时，体内的致病巴氏杆菌大量繁殖，不断产生毒素，其毒力增强，从而引起发病。

该病一年四季均可发生，但主要见于春、秋两季，常呈散发或地方性流行，感染途径主要为消化道或呼吸道。

症状及病理变化

症状和病变因病菌的毒力、感染途径与病程不同而异，根据临床特点可分为以下几种类型。

败血型：发病突然，常在 1～3 天死亡。精神沉郁，食欲下降或废绝，体温 40℃ 以上，呼吸困难，流浆液性或脓性鼻液，有时病鼠发生下痢。死前体温下降，全身颤抖，四肢抽搐。有的无明显症状而突然死亡。剖检可见：鼻黏膜充血并附有浓稠分泌物；喉与气管黏膜充血、出血，其管腔中有红色泡沫；肺严重充血、出血、水肿；心内外膜有出血斑点；肝肿大，淤血，变性，并常有许多坏死小点；肠黏膜充血、出血；胸、腹腔有较多淡黄色液体。

亚急性型：常由鼻炎型与肺炎型继发而来，病程 1～2 周，往往最终衰竭而死亡。主要症状为流脓性鼻液，常打喷嚏，呼吸困难。体温升高，食欲减退。有时见腹泻，关节肿胀，眼结膜发炎。剖检可见：肺为纤维素性胸膜肺炎变化，甚至有脓肿形成，胸腔积液，鼻黏膜与气管黏膜充血、出血，并附有浓稠的分泌物，淋巴结充血、肿大。

鼻炎型：相对多发，病程可达数月或更长。主要症状为流出浆液性、黏液性或脓性鼻液。病竹鼠常打喷嚏、咳嗽，用前爪抓擦鼻部，使鼻孔周围的被毛潮湿、粘连甚至脱落，上唇和鼻孔周围皮肤发炎、红肿。黏脓性鼻液在鼻孔周围结痂和堵塞鼻孔，使呼吸困难并发出鼾声。如病菌侵入眼、耳、皮下等部，可引起结膜炎、角膜炎、中耳炎、皮下脓肿和乳腺炎等。剖检可见：鼻黏膜潮红、肿胀或增厚，有时发生糜烂，黏膜表面附有浆液性、黏液性或脓性分泌物。鼻窦和副鼻窦黏膜也充血、红肿，窦内有分泌物积聚。

肺炎型：常呈急性经过。虽有肺炎病变发生，但临诊上难以发现肺炎症状，有的很快死亡，有的仅食欲不振、体温较高、精神沉郁。肺病变的性质为纤维素性化脓性胸膜肺炎。眼观，病变多位于尖叶、心叶和膈叶前下部，包括实变、膨胀不全、脓肿和灰白色小结节病灶。肺胸膜与心包膜常有纤维素附着。

中耳炎型：单纯的中耳炎常无明显症状，但如病变蔓延至内耳及脑部，则病竹鼠出现斜颈症状，严重时竹鼠向头颈倾斜的一侧滚转，直到抵住围栏为止。如脑膜和脑实质受害，则可出现共济失调和其他神经症状。剖检可见：化脓性鼓室内膜炎和鼓膜炎。一侧或两侧鼓室内有白色奶油状渗出物；鼓膜破裂时这种渗出物流出外耳道。如炎症由中耳、内耳蔓延至脑部，则可见化脓性脑膜脑炎变化。

其他病型：豚鼠巴氏杆菌病也可表现为化脓性结膜炎、子宫内膜炎（母竹鼠）、副睾与睾丸炎（公竹鼠）以及各处皮下与脏器的化脓性炎症。眼结膜和子宫黏膜呈化脓性卡他变化，其表面有脓性分泌物，子宫腔积脓。其他组织器官主要是脓肿形成。

防治

（1）竹鼠群应自繁自养，引进种竹鼠要严格执行检疫制度，引进时，应先检疫并隔离观察1个月，健康者方可进场；

（2）加强饲养管理与卫生防疫工作，严禁畜、禽和野生动物进场；

（3）一旦发现该病，立即采取隔离、治疗、淘汰和消毒措施；

（4）治疗选用敏感药物：常用药物有诺氟沙星、氧氟沙星、环丙沙星、先锋Ⅵ、磺胺二甲基嘧啶。

预防

该病的预防应依靠建立良好的饲养管理制度及环境卫生条件。

90 竹鼠葡萄球菌病临床上哪些表现，如何治疗？

竹鼠葡萄球菌病又称为无名肿毒，是由金黄色葡萄球菌引起的一种可以致竹鼠死亡的脓毒败血症传染性疾病。主要表现为各器官、组织局部的化脓性炎症，通常情况下，竹鼠皮肤、黏膜、肠道、乳房、扁桃体等带有该菌，不同年龄均可感染，成年鼠感染大多在眼鼻周围及腹脚部或者外生殖器等部位出现病变；哺乳母鼠则发生乳房炎；仔鼠会出现急性肠炎（黄尿病）。上述各种病症常易引起败血症、脓毒血症，继而引起死亡。

病原

葡萄球菌为革兰氏阳性菌，广泛存在于自然界，是人畜皮肤、黏膜、呼吸道、消化道等正常菌群。金黄色葡萄球菌是主要致病菌。

葡萄球菌对外界抵抗力强于其他无芽胞细菌，该菌对冷、热、干燥的抵抗力较强，在干燥的脓汁中可存活 15 ~ 20 天，在 80℃30 分钟才被杀死。在常用消毒药中，5% 石炭酸溶液、0.1% 升汞 10 ~ 15 分钟即可杀死。对青霉素、庆大霉素高度敏感，由于广泛使用抗生素，其耐药菌株不断增加。

临床症状及病变

根据竹鼠感染的年龄、部位、机体抵抗力等不同，常表现为下列几种类型。

（1）败血症型 病鼠外观表现精神沉郁，食欲减少或废绝，腹泻或下痢，粪便腥臭，体温 40 ~ 41℃，呼吸困难，有的病鼠发出异样叫声，腹部皮肤有大小不等的出血斑，继而溃烂结痂，腹围增大，触诊痛觉明显。严重者继发全身感染，引起脓毒血症，2 ~ 5 天死亡。死后可见尸僵不全，剖检可见：腹腔内充满大量黄色胶冻样水肿液，肝、脾、肾呈不同程度黄色，有大小不等的坏死脓块，肠充血、水肿，呈暗红色或紫色。

（2）鼻炎型 初病打喷嚏，从鼻孔内流大量浆液性、黏液性或脓性分泌物，呼吸不畅或困难，剖检主要表现为肺炎病变，肺表面可见大小不一的化脓灶。

（3）外生殖器炎型　各种年龄都可发生，多感染母鼠和仔鼠，母鼠阴道内可见少量黄色黏液性及化脓性分泌物，有的病鼠外阴部有大小不一的肿块。公鼠表现为睾丸包皮有大小不一的脓肿或褐色结痂。

（4）乳房炎型　多发生于母鼠分娩后的3~5天，母鼠体温升高，精神沉郁，食量下降，乳房肿胀，呈暗红色，乳汁质量下降或其中有脓液或血液完全变质，仔鼠食乳汁后易腹泻，脱水而死亡。母鼠乳房部可见大小不一的硬块，数天后硬块可转变为脓肿。脓性乳房炎易继发为脓毒血症。

（5）仔鼠急性肠炎型　又称仔鼠黄尿病，是仔鼠吃了患乳房炎母鼠的乳汁而引起的。通常是全窝感染，患病仔鼠昏睡、体质虚弱，3~5天死亡，死亡率可达100%。

防治

（1）预防　加强饲养管理，搞好清洁卫生，定期消毒，及时清除栏舍内污物和剩料。疫苗免疫用金黄色葡萄球菌制成的菌苗，成鼠每只肌肉注射0.5毫升，可有效预防该病。

（2）治疗　局部感染引起的脓肿，先进行外科手术排脓和清除坏死组织，对患处涂擦3%龙胆紫、石炭酸溶液，或对患处清洗消毒后撒上磺胺粉。乳房炎和生殖器炎，及全身感染，选用抗菌药物进行局部或者全身治疗，尽早治疗效果较好，常用的药物有硫酸卡那霉素、金霉素、青霉素、庆大霉素、新霉素等抗生素，磺胺类药物也有较好的治疗效果。

91　怎样防治魏氏梭菌病？

该病又称竹鼠魏氏梭菌性肠炎，是由魏氏梭菌所产生外毒素引起的肠毒血症。临床上以急性腹泻、排黑色水样或胶冻样粪便、盲肠浆膜出血斑和胃黏膜出血、溃疡为主要特征。

病原

为革兰氏阳性两端稍钝圆的大杆菌，存在于消化道及土壤和水源中，能产生外毒素，引起高度致死性中毒症。常年均有发生，在春秋两季因饲养管理不良及各种应激因素诱使该病暴发。

流行病学

除哺乳仔鼠外，不同年龄、品种、性别的竹鼠对该病均有易感性。发病率与死亡率较高。传播途径主要经消化道或伤口传染。

临床症状

病鼠病初表现为精神沉郁，食欲废绝，排黑色水样粪便，有特殊腥臭味，体温变化不大，腹泻后 2～3 天死亡，大多数都为急性经过。少数病例病程稍长，但大多病鼠终归死亡。

病理变化

剖检所见胃底黏膜脱落，有大小不一的溃疡。肠管呈暗红色，肠黏膜弥漫性出血，小肠内充满气体，肠壁变薄而透明。盲肠和结肠内充满气体和黑绿色稀薄内容物，有腐败性腥臭味。肝脏质脆，脾呈深褐色，心脏充血。

防治措施

该病重在预防，一旦发病，治疗效果不理想。平时应加强饲养管理，减少应激因素，采取科学合理的饲喂制度。严禁引进病鼠，严格执行兽医卫生制度。发生疫情，应立即采取综合防治措施，隔离淘汰病鼠。鼠圈池及用具用2%热烧碱水消毒；病死鼠及其分泌物和排泄物一律深埋或烧毁。应用魏氏梭菌灭活苗预防接种，每年2次，可防止该病发生。

病初药物治疗，可选用喹乙醇：5mg/kg 体重，口服，每天2次，连用4天；金霉素或红霉素：20～40mg/kg 体重，肌肉注射，每天2次，连用3天；卡那霉素：1 万 IU/kg 体重，肌肉注射，每天2次，连用3天；同时配合对症治疗，补液防止脱水，静脉或腹腔注射5%葡萄糖生理盐水（水浴加温至37℃），补充维生素 B_1 和维生素 C 及电解质，为保护胃肠黏膜，可内服食母生（每只5g）和胃蛋白酶（每只1g），有一定治疗效果。

92　竹鼠病毒性肠炎如何防治？

竹鼠病毒性肠炎是一种急性、高度接触性传染病，主要引起胃肠黏膜的炎症，以出血性、热性、坏死为特征，死亡率较高。

病原

该病病原属副黏病毒，对外界环境有较强抵抗力，对竹鼠致病力很强。

流行病学

主要传染源是患病的竹鼠或带病毒动物。野鼠也是该病的重要传播者，把副黏病毒从疫区传入非疫区。该病主要经消化道感染，各种年龄竹鼠都可发病，多发生于气候恶劣季节。

临床症状及病理变化

根据发病特点，竹鼠病毒性肠炎可分为急性、亚急性、慢性三种类型：

急性型：竹鼠病初临床症状不明显，饮食、活动等全身状态均未见异常，一旦发病主要表现为早晨在圈池中突然死亡。往往多发于仔、幼鼠。但成鼠也可发生。

病毒性肠炎急性死亡的竹鼠，往往躯体偏胖，被毛光亮，外观无明显病变。剖检主要表现为：肠广泛充血、出血，血液新鲜，其他脏器无明显变化。

亚急性型：发病较急性型缓和，不表现为暴死。病初，患鼠精神委靡，食欲略减。眼角有分泌物，鼻镜干燥。病程稍长者，则可见精神沉郁不振，行动明显减缓，反应迟钝，若病情继续恶化，食欲继续废绝，眼睛被眼眦粘连不能睁开，体温升高，可达39℃以上，粪便不规则，便秘腹泻交替出现，颗粒大小不一，有时表面带血。个别病例出现鼻腔出血，呼吸困难。病程一般为 10 ~ 15 天。

剖检主要病变在肠道，小肠壁变薄，黏膜脱落，肠壁出血，可见大小不一的灰色或黑色溃疡结节。盲肠浆膜、黏膜大面积出血，肠内容物暗红色。胃浆膜淤血或出血，胃底腺区黏膜大面积出血、有溃疡灶。心脏肿大，心内积血呈煤焦油样；肺广泛充血、出血，有的发生气肿；肝脏肿大，切面外翻，易脆，呈土黄或紫红；脾、肾均有不同程度的肿大，也可见大小不一的坏死灶。

慢性型：常不出现急性死亡。主要表现为进行性消瘦，被毛蓬乱、无光泽，精神沉郁，且食欲时好时坏，粪便时干时稀。病鼠常单眼或双眼被眼眦封闭，由于竹鼠常抓洗眼，所以眼周被毛脱落，眼圈呈红色，形成"烂眼圈"，这是竹鼠慢性病毒性肠炎特征性症状。呈慢性经过的病程一般为几周乃至数月。多数病鼠由于长期营养不良，消耗性衰竭而死，少数患鼠能耐过而活下来。

慢性型病理变化与亚急性型较相似，只是程度略轻。

诊断

根据流行病学特点及临床症状可作出初步诊断，实验室检查可确诊。

治疗

发病后及时用药、及早用药，常内服药物，土霉素与喹乙醇混投于食物中，其用法为：

土霉素每只每次 20mg，每天 2 次，每疗程为 3 ~ 4 天；喹乙醇每只每次 25mg，每天 2 次，疗程同为 3 ~ 4 天。病重者，应立即肌肉注射青霉素 G 钠，用量为 5 万 IU，或链霉素 50mg，每天 2 次，连用 3 ~ 5 天，病情可见好转。

预防

加强饲养管理，提高机体抵抗力，搞好圈池消毒卫生，减少应激因素的发生。

93 如何治疗竹鼠胃肠炎?

胃肠炎是胃肠黏膜层组织重度炎症。临床上以严重的胃肠机能障碍和伴发不同程度的自体中毒为特征。

病因

发病主要原因是由于喂给腐败变质、发霉、不清洁或冰冻饲料，或误食有毒植物以及化学药物，或暴食刺激胃肠所致。

症状

病鼠表现精神沉郁，步态摇晃，减食或者不食。排出的粪便呈黄绿色带血或白色胶冻样，后肢、尾及肛门周围沾污。夜间在窝室内呻吟，严重的日渐消瘦，最后无力、惊厥、脱水虚弱而死。

防治措施

预防：严禁喂变质和有刺激性的饲料，定时定量喂食，鼠舍保障清洁、卫生、干燥。

治疗：发现病鼠及时隔离治疗，抑菌消炎是根本，可用黄连素、土霉素、庆大霉素、喹诺酮类等药物口服。

根据具体情况，用人工盐缓泻，用木炭末或矽炭银片等止泻。脱水、自体中毒、心力衰竭等是急性胃肠炎的直接致死因素，因此，施行补液、解毒、强心是治疗胃肠炎的三项关键措施。因鼠类静脉注射有困难，可施行腹腔注射和口腔注射器灌服。

94 竹鼠肺炎有哪些症状，如何治疗?

肺炎是理化因素或者生物学因素刺激肺组织引起的肺部炎症。

病因

饲养管理不当，受寒感冒，物理和化学因素的刺激长途运输，气候骤变和大雨浇淋等是引发竹鼠肺炎的主要原因；由于在采食过程中打架或灌药不慎而使药物误入气管，也可导致异物性肺炎。

症状

病鼠精神沉郁，呼吸困难，体温升高，食欲废绝，蜷缩舍内。病初表现为干短带痛的咳嗽，流清鼻涕，继而为湿长的咳嗽，流脓性鼻涕，眼结膜潮红，如不及时治疗，一般在2~3天死亡。

防治措施

预防：加强饲养管理，搞好舍内外环境卫生，以增强鼠体的抵抗力。

治疗：主要是消炎，止咳，制止渗出，促进吸收与排出以及对症疗法，同时应改进营养，加强护理。

消除炎症可用抗生素类药，在条件允许的情况下可进行药敏试验后再选择最佳药物。临床上硫酸庆大霉素、卡那霉素消炎效果均可，去痰可口服氯化铵，频发痛咳可用磷酸可待因，都有利于制止渗出和促进吸收。

95 如何治疗竹鼠乳房炎？

竹鼠的乳房炎是哺乳母鼠的一种较为常见的疾病。

病因

主要由于鼠类动物是地上爬行动物，母鼠怀孕后腹部下垂，尤其是经产母鼠的乳头几乎接近地面，因此，经常与地面摩擦受压而受到损伤，或因仔鼠吮乳而咬伤乳头，或因鼠舍潮湿，天气过冷，又在哺乳阶段，乳房暴露在外被冻伤以及窝巢垫料材料粗糙等原因，为微生物的侵入创造了条件。常见的细菌有化脓杆菌、葡萄球菌等。另外还有母鼠产仔后仔鼠死亡，无仔鼠哺乳，或者断乳后喂给大量蛋白质饲料和多汁饲料，造成乳汁分泌旺盛，乳房内乳汁积滞，也常引起乳房炎。

症状

患病乳区急性肿胀，皮肤发红，触诊乳房有痛感，乳汁排出不畅或困难，泌乳减少和停止，此时仔鼠在巢舍内爬出，并发出叽叽叫声，母鼠体温升高，食欲减退。慢性的出现患部组织弹性降低，泌乳量减少，挤出乳汁变稠并带黄色，有时由于结缔组织增生，丧失泌乳能力。

防治措施

预防：加强饲养管理，减少机械性因素对乳房的损伤。分娩鼠所给的垫料，都应具备柔软性能强、无尖硬异物的材料，发现能损伤的物品应及时清除，并将舍内排泄物及时摘除。

药物预防：在养殖场地条件不好的情况下，药物预防可减少乳房炎的发生。常用的药物有甲氧苄氨嘧啶、磺胺二甲基嘧啶等，在临床中根据母鼠体重、体质状况按剂量正确给药。

局部疗法：临床上，在乳房基部周围采用封闭疗法，常用药物有青霉素溶于0.25%～0.5%的普鲁卡因溶液中或用长效青霉素，作乳房基部封闭疗法，每日1～2次。另外也可采用局部刺激疗法，待乳房洗净擦干后，将樟脑软膏、鱼石脂软膏等药涂擦于乳房患部皮肤，临床上也可用2%～5%的氨水拌深层黄泥加水呈糊糊状涂患部，每日1～2次。

全身疗法：对出现明显全身症状的竹鼠，可以青霉素与链霉素，或青霉素与新霉素的联合疗法或四环素疗法；效果都较好。

另外，对化脓性乳房炎，可采取手术疗法，切开排脓、冲洗、清创等一般外科处理。

96 如何治疗竹鼠口腔炎？

口腔炎是口腔黏膜及其下层的炎症。由于口腔黏膜炎症，竹鼠表现出采食困难、流涎及消化障碍。

病因

主要是由于机械损伤，其次是化学性和物理性刺激而引起。

机械损伤：粗硬尖锐饲料，如铁钉、玻璃，驯养的竹鼠，如果长期没有啃咬秸秆类饲料，牙齿生长特别快，擦伤口腔黏膜引起损伤。

化学性刺激：主要在舍（笼）消毒时，消毒药水浓度掌握不当或采食了有毒植物、霉败饲料或口服刺激性药物（如水合氯醛、冰醋酸等浓度过高时）等物理性刺激：如在饥饿时突喂过热的饲料，或在用开水溶解药物进行灌服的过程造成损伤。

此外，也继发于消化障碍、咽炎、维生素 A 缺乏症的病程中。

症状

病鼠口腔黏膜敏感性增高，因而采食缓慢或不吃，围着食盆转，想吃但不敢吃，由于炎症的刺激，唾液分泌增多，常有大量唾液流出。

口温增高，黏膜潮红、肿胀，并有恶臭气味，如造成大面积溃疡，会引发口腔黏膜疼痛，此时不愿吃食，拌有消化不良的表现。有时还可见到齿龈出血、牙齿松动或脱落。

防治措施

预防：合理调制饲料，及时修整锐齿，防止误食毒物以及对口腔黏膜的机械性或理化性损伤。

治疗：治疗原则应以除去病因，加强护理，消炎止痛，收敛为主。

首先除去致病因素，如拔去刺在口腔黏膜上的异物，修整锐齿等。在护理上应给予柔软易消化的饲料。

药物治疗，可用 1% ~2% 盐水，2% ~3% 的硼酸溶液，

2%～3%碳酸氢钠溶液，0.1%高锰酸钾溶液等冲洗口腔。流涎多的可用2%明矾水冲洗。

当有溃疡时，除上述冲洗外，可在溃疡面上涂碘甘油或3%龙胆紫液。

97 如何治疗竹鼠感冒？

感冒是竹鼠受风寒侵袭而引起，以流清涕、羞明、流泪、呼吸增快为特征。

病因

正常情况下，竹鼠跟其他动物一样有三大防御疾病功能，当由于营养不良、出汗和受寒，鼠体抵抗力下降时，则防御机能降低，致生于体内的常在微生物大量繁殖而导致感冒发生。

症状

病鼠体温升高，精神委靡，低头，嗜睡或蜷缩巢舍，眼结膜潮红，羞明、流泪、咳嗽、呼吸加快。病初流清涕，以后变为黏性和脓性，并有鼻塞音（咕咕音）出现。

食欲减退或废绝，鼻镜干燥、粪干，有时出现便秘，若不及时治疗，容易并发肺炎。

防治措施

预防：加强饲养管理，防止受寒。特别在早春和严冬免受寒冷和风雨侵袭。舍内要适当增加褥草保暖。

治疗：该病治疗以解热镇痛为主，有合并症时，可适当抗菌消炎为治则。

注射用药常用安乃近、复方安基比林，口服常用板蓝根、小柴胡、扑热息痛等。

病情较重或有合并感染时，可用抗生素类（如青霉素、链霉素、四环素）或磺胺类（如磺胺嘧啶钠等），可按体重及药物用量选用。

98 竹鼠中暑如何治疗？

中暑又称日射病与热射病，常发生在炎热夏季。临床上头部受到日光直射而引起发病称日射病。外界环境潮湿闷热，舍内通风不良，新陈代谢旺盛，产热与散热失调，体热不能放散而蓄积于体内称热射病。竹鼠家庭饲养均以热射病多发。

病因

主要由于鼠舍内气温过高，同时相对湿度较大，鼠场内又无防暑降温设备，防暑措施采取不当，夏季运输防暑措施不合理，饲料中水分又不足，促进了该病发生。

症状

患鼠精神沉郁，四肢无力，步态不稳，皮肤干燥，体温升高，呼吸迫促，黏膜潮红或发紫，心跳加快，狂躁不安。特别严重者，精神极度沉郁，迅速发展呈昏迷状态，最后痉挛而死亡。

防治措施

预防：炎热夏季，应注意防暑降温，并多喂含水分高的青饲料。在运输途中，需有遮阳设施，注意通风，不要过分拥挤。

治疗：发病后，立即将病鼠转移到阴凉通风的地方。保持安静，并用冷水泼洒头部及全身，有条件的情况下最好用冰块敷头颈部，或尾部放血。

药物可使用氯丙嗪、安钠咖。为防止肺水肿，可用地塞米松（根据体重，按药物说明使用剂量）。

99 脓肿如何处理？

在组织或器官内形成外有脓肿膜包裹，内有脓汁潴留的局限性脓腔时称为脓肿。

病因

多发生于竹鼠配种季节，公母鼠互相咬斗，或竹鼠混群饲养，相互斗咬致伤而被一些致病菌感染，或注射时不遵守无菌操作规程而引起的注射部位出现脓肿。

症状

常在竹鼠头部、口腔、颈部、背部见到肿块、触诊外硬内软，还常见到咬伤部位出血、破损、伴有疼痛表现。口腔咬伤表现为拒食，有时虽体表面创伤很少，但往往皮下大面积化脓，形成脓肿，最后破溃，流出脓汁。若不及时治疗，会引起脓毒败血症。

防治措施

治疗原则为消炎止痛，排出脓汁，增强机体抵抗为主。

预防：配种时饲养人员不能远离，如出现咬斗应马上将公鼠或者母鼠分开，避免出现受伤。

治疗：如果咬伤创伤较轻，应立即作外科处理，不让其进一步恶化。如有脓肿，局部涂擦樟脑软膏，或用冷疗法（用复方醋酸铅溶液冷敷和鱼石脂酒精、栀子酒精冷敷）以控制炎症渗出，并具有止痛作用。在搞好局部治疗的同时，可根据病鼠情况配合应用抗生素，磺胺类药物进行对症疗法。

脓肿成熟触压有波动后应立即切开，在切开前先剪毛消毒，再用粗针头排出一部分，其目的是防止内压过大脓汁向外喷射，将脓汁排尽后，创口再作处理。

100 母鼠阴道脱及子宫脱如何处理？

阴道脱是指阴道壁一部分形成皱襞，突出于阴门外，或者整个阴道翻转脱垂于阴门之外。子宫脱是指子宫的部分或全部脱出于阴门之外。一般多见于年龄较大的母鼠或产后母鼠。

病因

（1）阴道脱　主要由于阴道的周边组织松弛，腹内压增高或强烈努责所致。

①母鼠老龄经产、营养不良、缺乏运动等易使固定阴道的组织松弛而发病。②孕鼠怀胎儿数过多或胎儿过大，使腹内压升高，子宫及内脏压迫阴道而引起阴道脱。

（2）子宫脱

①常由于怀孕母鼠运动不足、营养不良等，使骨盆韧带及会阴部结缔组织松弛无力。②由于胎儿过大，羊水过多，导致韧带持续伸张、弹力不足而发生子宫脱出。③怀孕末期或分娩时，努责过强，使腹压增大引起。

临床症状

（1）阴道脱　根据脱出的程度不同，分为部分脱出和全部脱出。

部分阴道脱：可见从阴门或阴门外突出小球状物，有时能自行缩回。如长期反复脱出，阴道壁组织充血肿胀松弛，表面干燥，则较难回缩。

完全阴道脱：多由阴道部分脱发展而成，脱出的阴道呈红色排球大的球状物，表面光滑，脱出部分的末端可见到子宫颈外口。脱出部分黏膜呈红色，时间较长者，脱出部淤血变紫红色，并发生水肿，进而表面干裂或糜烂，渗出血水。黏膜上附有粪土、草末等污物。

（2）子宫脱　子宫完全脱出后，子宫内膜翻转在外，黏膜显粉红色、深红色到紫红色不等。子宫脱出后血液循环受阻，子宫黏膜发生水肿和淤血，黏膜变脆，极易损伤，有时水肿程度严重，子宫黏膜常被粪土草渣等异物污染。病鼠表现不安、拱腰、努责、排尿淋漓或排尿困难，全身症状表现不明显。脱出时间过久，黏膜干燥、龟裂直至坏死。有的病例出现疝痛症状。子宫脱出时如卵巢系膜及子宫阔韧带等组织损伤，则有明显出血现象。

防治措施

预防：对妊娠母鼠要改善饲养管理，合理运动，以提高全身组织的紧张性。

治疗：

（1）阴道脱

①对脱出部分较小，站立后能自行缩回的患鼠改善饲养管理，补喂矿物质及维生素，适当运动，防止卧地过久。尽量保持有利于体躯减轻腹内压的姿势。

②脱出严重不能自行缩回者，必须加以整复和固定。

清洗和消毒脱出部分：用 0.1% 高锰酸钾液或 0.1% 新洁尔灭溶液等彻底清洗消毒，若水肿严重，应可先用 2% 明矾水冷敷或穿刺水肿黏膜，清除水肿液，若伤口较大应进行缝合。除去坏死组织，用碘甘油或抗生素防止感染。

整复：用消毒湿纱布或涂有抗菌素药物的油纱布包盖脱出部分阴道，将其向阴门内推进，待全部送入阴门后，并轻轻揉压，使其充分复位。

固定：为防止再脱出，阴门作纽扣状缝合。

（2）子宫脱

子宫脱出后应及时整复，越早越好。治疗主要是手术复位。操作过程同于阴道脱的复位过程。整复后，向子宫内注入抗生素。

101　如何治疗竹鼠子宫内膜炎及子宫蓄脓症？

子宫内膜炎是子宫内黏膜的炎症，常表现为黏液性或化脓性炎症，在子宫内蓄积大量脓汁即子宫蓄脓症。子宫内膜炎及子宫蓄脓症是母鼠的常发病，是引起母鼠不孕症及其他繁殖障碍性疾病发生的主要原因之一。

病因

（1）微生物感染　主要是自然环境中常在的非特异性细

菌引起的，如大肠杆菌、链球菌、葡萄球菌、棒状杆菌、变形杆菌等。

（2）产道受损伤　产后子宫弛缓，恶露蓄积。子宫脱、阴道和子宫颈炎症等处理不当，治疗不及时，消毒不严而使子宫受细菌感染，引起内膜炎。

（3）配种时也可感染引起发病。

临床症状

病鼠表现为拱腰努责、体温升高、精神沉郁，食欲明显降低。病鼠从阴道排出分泌物，初期为黏液性，后期发展为脓性异样物，腥臭味，临床上较易判断。由于子宫感染，子宫内环境破坏，所以往往引起受精卵和胚胎发生死亡。

防治措施

预防　加强饲养管理，合理搭配饲料，对怀孕母鼠应给予营养全面的饲料，特别是矿物质、维生素的供应；对流产病鼠应及时彻底治疗，隔离观察，必要时作细菌学检查，确定病原，采取综合治疗措施；母鼠分娩后厩舍要保持清洁、干燥，预防细菌感染子宫内膜炎的发生。

治疗　消除炎症，防止扩散，促进子宫机能恢复。

（1）可使用青霉素40万 IU，每天2次，连用3天。也可使用广谱抗生素和磺胺类药物。

（2）为增强子宫机能，用雌激素后可肌注缩宫素 50～80IU。或一次肌肉注射乙烯雌酚 15～25ml；适用于脓性子宫内膜炎和子宫蓄脓。

（3）配合肌注维生素 A、维生素 E，补充糖水、电解质盐类，纠正酸中毒，以促进机体恢复。

102　母鼠难产如何处理？

母鼠产仔时一般1～2小时内全部顺利产出叫做顺产，胎儿不能正常排出，分娩受阻时间过长或流血过多称为难产，不及时抢救，不仅引起母鼠生殖器官疾病，甚至可以导致母鼠死亡。

病因

常见于以下几种原因：

（1）子宫收缩力弱是引起母鼠难产的最常见的原因；

（2）由于饲料搭配不当，母鼠营养不良、运动量不足及过度肥胖或者受外界干扰都可能造成分娩时子宫收缩无力引起难产。

（3）母鼠子宫畸形、产道狭窄或变异、胎位不正、胎儿过大、胎向反常、胎儿畸形等都有可能引起难产。

症状及诊断

发现母鼠反复起卧、徘徊、狂躁不安、阴部充血、频频努责，但产不出仔，或者产仔后非常疲惫、无力、不顾仔，或者流血很多。正确推算产期，临产期注意观察，结合以上的情形可以作出诊断。

治疗

控制初情期母鼠怀孕，最好选择在 7 月龄后怀孕。分娩前后要保持环境安静，一旦发现难产马上用 0.3~0.5 毫升催产素注射液进行肌内注射，以增强子宫收缩力加快胎儿产出。产完仔后用酒精或 0.1% 新洁尔灭溶液对阴道消毒，同时肌内注射抗生素 2~3 天。

对子宫畸形、产道狭窄或变异、胎位不正、胎儿过大、胎向反常、胎儿畸形等原因引起的难产，要进行手术助产。

103 竹鼠脱毛是什么原因？

竹鼠脱毛的现象原因可分为正常现象和非正常现象，天热时，场地温度较高，相对较胖的鼠的尾巴、背部会有脱毛现象，是正常现象，等天气凉了，毛自然会重新长出，如果是全身或某些部位不规则的脱毛，且脱毛处有红点或红斑等炎症表现，大多是皮肤病所致，如：湿疹、丘疹或患鼠体表寄生虫病，如：虱子、螨等，这种现象要及时、尽早准确用药，采取科学的治疗措施。

104　母鼠咬仔、吃仔和弃仔的原因是什么？如何处理？

母鼠咬仔、吃仔、弃仔，大多发生在产后48小时，原因很多，可根据具体情况采取相应措施。

（1）竹鼠母鼠奶头小，奶水不足，仔鼠在母鼠腹下乱吸乱拱，吵闹不停，母鼠烦躁不安，便咬吃仔鼠。

处理方法：在引种时选择乳房大且均匀的母鼠作种用，在哺乳阶段给予合理的配合饲料，保证乳汁充足。

（2）圈池（舍）气温过高或过低，母鼠也会出现咬仔、吃仔、弃仔现象。

处理方法：选择阴凉干燥处建造笼舍，以地下室、岩洞最佳，保持圈舍清洁干燥，具有良好的空气质量。产室温度保持在18～28℃。

（3）竹鼠母鼠产后受惊。

处理方法：产仔时尽量保持环境安静，饲养管理及其他人员不能在旁边观看，更不能发出较大声音，甚至用手去摸或用木棍扒弄竹鼠。

（4）母鼠受伤，疼痛不安也会咬仔、吃仔。

处理方法：将怀孕母鼠隔离单养，避免打架，发现受伤及时治疗。

（5）由于产仔池通风不良、空气污浊。

处理方法：加强卫生清洁，及时清除母鼠粪便及垫草，保持产室良好的通风透气。

（6）竹鼠母鼠产仔多，奶头少。

处理方法：每只竹鼠最多哺乳6个仔鼠，多余仔鼠应实行科学的代养寄养方式，并窝寄养的两窝仔龄相差应在 3~5 天以内。如无法寄养的仔鼠，要进行人工哺乳，冬天要注意保温。

（7）竹鼠母鼠缺乏矿物质元素，出现异嗜现象，也会吃仔、咬仔。

处理方法：饲料中合理补充矿物质，将骨粉、微量元素等饲料添加剂及多种维生素拌在日粮中投喂。

（8）母鼠哺乳期间人为干扰会引起母鼠吃仔。

处理方法：哺乳鼠池用木板或纸板盖住不让外人观看，并保持周围安静，晚上投料尽量不惊扰母鼠。

（9）临产期投料不足，饲料结构不合理，特别是多汁饲料缺乏，母鼠分娩时体力消耗大，流血失水多，口渴，就会吃仔、咬仔。

处理方法：投喂足够的食物，特别是保证供给充足的多汁饲料，保证营养及水分充足。

105 竹鼠一般性中毒如何抢救？

竹鼠发生中毒，应及时进行紧急救治和处理。其急救一般分为三个步骤，在较短时间内完成。

（1）切断毒源，阻止毒物继续被吸收

这是首先应采取的措施，即切断毒源，并清除已进人体内但尚未被吸收产生毒害作用的毒物。这就要求严格控制可疑毒源，如撤去饲料、饮水，并进行环境的紧急消毒处理。同时灌喂催吐剂、洗胃药、吸附沉淀剂、盐类泻剂等，促使病鼠将胃肠中的残留毒物吐、泻出来或沉淀凝固后随便排出。

（2）对症治疗

切断毒源以后，要进行身体机能的维护治疗，防止病鼠机能衰竭而死亡。这种治疗主要包括采用各种有效药物，如强心利尿药、镇静剂等，进行维持呼吸机能、维持体温、增强心脏机能、减轻疼痛、预防惊厥、调整体液等方面的治疗。这种治疗一般要维持到症状消除或使用特效解救药后。

（3）特效解毒药的使用

诊断出中毒物性质后，找出针对此中毒症的特效解毒药物立即进行治疗特效解毒药使用越早越好。这是治疗中最有效、最理想的方法。

106 竹鼠食盐中毒如何解救？

食盐中毒是竹鼠较常见的中毒性疾病。

病因

常见的原因有：竹鼠日粮中加盐过多，喂鱼粉含盐量过大，饲料加盐后搅拌不匀造成局部盐分过多等，引起食盐中毒。

中毒机理

过量的食盐使肠胃受到刺激，导致胃肠黏膜甚至神经系统损害，组织中钠离子蓄积，引起慢性中毒。肠道盐离子吸收过多，晶体渗透压明显增加，引起细胞内水分外渗，导致脱水，严重者颅内压增高，脑供氧受阻，从而出现神经症状，重者发生死亡。

临床症状

竹鼠食盐中毒后，病初主要表现为口渴，饮欲强烈，兴奋不安，呕吐、腹泻等症状。继而病鼠全身虚弱无力，并伴发癫痫样症状，不时发出嘶哑尖叫。严重的病例出现四肢麻痹，高度兴奋后昏迷死亡。

病理变化

中毒而死的病鼠，尸僵完整，口腔内有黏液。剖检发现：肌肉相对干燥，颜色暗红异常。内脏器官及组织广泛出现血管扩张或充血，而且常伴有大小不一的散在出血点。

诊断

根据临床症状、病理剖检即可初步判定中毒类型，再对近日的饲料进行检查、化验，即可作出食盐中毒的诊断。

防治

紧急处理：发生中毒后，首先停喂食盐过多的饲料，对于严重中毒的病鼠，应立即采用胃管给水，或腹腔注射灭菌的冷水。

然后进行药物治疗，用10%～20%的樟脑油0.5毫升进行皮下注射，维持心脏机能，防止衰竭，并静脉注射10%～25%高渗葡萄糖液，缓解脑水肿。

一般来说，竹鼠每千克体重每天所摄入食盐量不超过1.5g，若过量，同时饮水不足则可能发生食盐中毒，若鱼粉含盐量过高，同时饮水不足，也可能发生食盐中毒。

107 如何治疗鼠虱病？

鼠虱是寄生在鼠体表并以吸取血液为生的一种体外寄生虫。

病原

寄生竹鼠的虱主要为大楸头虱，是一种无翅的吸血昆虫。虱在竹鼠的毛丛中和窝巢垫草内产卵和发育，卵光滑易落入池缝中或地面上，发育成幼虫后，再爬到鼠身上过营寄生生活。

症状

在鼠的腋下、大腿内侧较多见，由于虱的叮咬、吸血，病鼠出现瘙痒、不安，食欲减退，营养不良和消瘦。有时皮肤出现小点结节，小出血点，甚至坏死。痒感剧烈时还会寻找各种物体进行摩擦，造成皮肤损伤，可继发细菌感染和伤口蛆症等。甚至引起化脓性皮肤炎，皮毛脱落、消瘦、发育不良等。

预防措施

预防：经常性保持舍内卫生，每天及时消除粪便、残食、多余垫草，并间断式用 0.5% ~1% 的敌百虫喷洒地面和鼠身。

治疗：可使用伊维菌素，皮下注射每千克体重 200 微克，2 周后可重复 1 次。

也可用 0.5% ~1% 的敌百虫溶液药浴。或用 0.5% 蝇毒磷药粉装在纱布袋内往鼠全身毛丛中撒布，一周后重复用药一次，可控制虱病。

108 如何治疗竹鼠螨病？

竹鼠螨病是一种体表寄生虫病，尾根部和股内侧多见。螨病多发生在寒冷的冬季和初春。

病原

竹鼠体上的主要是革螨，其体宽卵圆形，长 0.78 ~0.85mm，中部处宽 0.53 ~0.74mm。背板盖住大部分的背面，长 0.72 ~0.74mm。雌雄异体，体表有刚毛。

临床症状

竹鼠患病后，首先表现出奇痒的症状，继而食欲减退、消瘦，病变部皮肤结痂、增厚。被毛大量脱落，有的最后因营养消耗虚弱和冷冻而死亡。

治疗

（1）螨净 剂量为 250 毫克/千克外用。

（2）溴氢菊酯 剂量为 50 毫克/千克外用。

（3）1% 的伊维菌素注射剂每千克体重 0.02 毫升一次皮下注射。

109　如何防治竹鼠球虫病?

球虫病是笼养竹鼠常见寄生虫病。

病原

病原主要是艾美耳属的球虫。其主要寄生于肠道,在腔壁内大量繁殖,使竹鼠致病。

临床症状

球虫病多发于鼠龄为 20~40 天刚断奶的幼鼠群中,成鼠较少发病。幼鼠患病后,多表现为消瘦,被毛蓬乱,缺少光泽,精神废颓,委靡不振;腹部膨大下垂,且尾部多有稀便污染附着。病鼠常卧于窝室内,严重的常常发生痉挛,并衰竭而死。

病理变化

进行病鼠解剖,可发现其小肠黏膜发生水肿、充血,并有零星出血现象;在腔壁内有米粒大小的灰白色病灶;大肠黏膜血色肿胀;肝组织也出现点状白色渗透物。

诊断

从病鼠笼舍中采取粪便,镜检可发现内有大量球虫。在死鼠体内取样镜检,也可见球虫,则可确诊此病为球虫病。

治疗

球虫病属体内寄生虫原虫病,最有效的治疗方法是采用药物治疗。常用抗球虫药有:盐霉素、拉沙菌素、马杜霉素、地克珠利、尼卡巴嗪,同时配合使用磺胺二甲嘧啶、磺胺间甲氧嘧啶等磺胺类药效果更好,在一定程度上可控制该病。球虫很易产生耐药性,在用药时应注意交替用药和使用敏感药物。

110 常用于竹鼠的抗生素，如何配伍抗菌效果更好？

常用抗生素按以下方式配伍效果会更好（表5）。

表5 常用抗生素

药物	配伍药物
头孢拉定、头孢氨苄	新霉素、喹诺酮类、硫酸黏杆菌素
硫酸新霉素、卡那霉素、链霉素	青霉素类、头孢菌素类、强力霉素、TMP
氟苯尼考	强力霉素、新霉素、硫酸黏杆菌素
罗红霉素、替米考星、阿奇霉素	新霉素、氟苯尼考
硫酸粘杆素	TMP、新霉素、卡那霉素、
林可霉素、克林霉素	甲硝唑、新霉素
诺氟沙星、环丙沙星、恩诺沙星、左旋氧氟沙星、培氟沙星、二氟沙星、达诺沙星	头孢氨苄、头孢拉定、氨苄西林、链霉素、新霉素

111 如何正确使用抗生素？

在选择使用抗生素时要注意以下几个问题。

（1）准确把握适应症：细菌的种类不同，使用的抗生素亦不同，如革兰氏阳性菌引起的感染，可选用青霉素、红霉素、四环素类；革兰氏阴性菌引起的感染，可选用链霉素等，所以一旦发生疾病，应正确诊断疾病，及时准确用药。

（2）掌握抗生素的用量和疗程：在用量上要适当，用量太大，往往会产生毒副作用，造成中毒或肠道正常菌群失调；用量太小，使体内药物达不到有效抑菌浓度，起不到治疗效果。一般对急性病例和严重症可适当加大首次剂量，然后按维持量使用，一般用药 3～5 天为一疗程，病情稳定后可继续维持用药 1～2 天。

（3）合理联合用药：抗生素正确联合应用，会起到协同作用，提高疗效。

（4）避免药物残留和环境污染：使用抗生素后，在一定时间内，体内还有一定程度的残留，若长期大剂量地使用抗生素，一定的残留的肉被人食用后，会影响人体健康，所以在上市前 2 周应停止使用抗生素等药物。

第七篇　竹鼠的皮毛处理与加工

112　竹鼠的皮毛加工过程一般有哪几道工序？

竹鼠的毛皮处理与加工是一项技术性较强的工作，一般工序为：屠宰→剥皮→刮油→洗皮→上楦和干燥→贮存。

113　竹鼠什么时间取皮最佳？

一般饲养至体重 1.5～2kg 时即可出栏屠宰取皮。竹鼠皮一年四季都有使用价值，但以冬季毛皮质量最佳。毛皮成熟度的主要特征是全身毛峰长齐、绒毛紧密适中、蓬松、色泽光亮、口吹风能见到皮肤，风停毛绒即能迅速恢复，竹鼠活动时周身"裂纹"现象比较明显，皮板质量好。取皮时间一般在11月下旬至翌年2月为宜，皮形应完整，保持耳、鼻、尾、四肢的完整性。

114　竹鼠常用的处死屠宰方法有哪些？

在处死竹鼠时，应尽量不损害皮毛，常用的方法有以下几种。

（1）水淹法

将毛皮已经成熟的竹鼠密集地装进一个使其无法活动的铁笼里，紧闭笼门后浸入水中，10分钟后竹鼠全部淹死，然后取出。将其尸体倒挂在遮阴通风处，待绒毛晾干后即可剥皮。

（2）电击法

将竹鼠投入电网内，然后接通电源通电，1分钟左右即可杀死网内所有待杀竹鼠。竹鼠被电死后，关闭电源，取出尸体，再倒挂起来。此法适用于大规模屠杀用，但必须注意安全。

（3）颈椎折断法

捉住竹鼠，用右手将竹鼠的头向后背方向屈曲，再用力向前方推，使第一颈椎与头部脱节，听到清脆的颈椎骨折断声，竹鼠即断颈很快死亡。此法操作简单易掌握，并对毛皮质量无损害，但竹鼠很凶猛，弄不好手会被咬伤，务必注意安全

（4）药物致死法

一般用横纹肌松弛药司可林处死。剂量为1毫克/千克体重，皮下或者肌肉注射，3~5分钟竹鼠死亡。死前无痛苦和挣扎，因此不影响毛皮质量，残留在体内的药物对人体亦无毒性，所以也不影响鼠肉的利用。

（5）心脏注射空气法

先将竹鼠保定好，再用注射器抽空气5毫升左右，注入心脏，竹鼠很快死亡。

115 怎样剥取竹鼠的毛皮？

竹鼠被处死后，不要停放过久，待尸体还尚有一定温度时剥皮，较易剥离。竹鼠皮的剥离，需用圆筒式剥皮法，先将两后肢固定，用挑刀从后肢肘关节处下刀，沿股内侧背腹部通过肛门前缘挑至另一后肢肘关节处，然后从尾的中线挑至肛门后缘，再将肛门两侧的皮挑开，剥皮时，先剥离后臀部，然后从后臀部向头部方向做筒状翻剥，剥到头部时要注意用力均匀，不能用力过大，保持皮张完整，不要损伤皮质层，最后用剪刀

将头尾附着的残肉剪掉。

在整个剥皮过程中，在皮板上或者手上不断撒些木屑，以防止鼠肉及油脂污染毛绒。剥皮过程中下刀需小心，用力平稳以防将皮割破。

116 竹鼠皮初加工有哪些程序，如何进行？

为有利竹鼠皮的保存和销售，在竹鼠皮剥离后，如皮板上还带有油脂、血迹或残肉等，应刮净，若不刮除干净会影响贮存和鞣制，要对其进行初加工。初加工的程序主要有以下几步：

（1）刮油脂

刮油脂时把头部放在剥皮板上，刮油脂用力要均匀，持刀要平稳，以刮净残肉、结缔组织和脂肪为原则。初刮油脂者刀要钝些，由尾向头部方向逐渐向前推进，刮至耳根为止，刮时皮张要伸展，边刮边用木屑搓洗鼠皮和手指，以防油脂污染毛皮，刮至竹鼠乳头和雄鼠生殖器时，用力要轻以防止刮破，头部残肉不易刮掉时，可用剪刀将肌肉和结缔组织剪掉。

（2）洗皮

刮完油脂的竹鼠皮要洗皮，可用类似米粒大小的硬木屑（锯末）洗。洗净皮上的油脂和其他污物，洗皮的木屑一律过筛，用太细的木屑会粘住毛绒而影响毛皮质量。注意千万不能用松木或者带树脂的锯木屑，因为这些树脂对毛皮都有影响。

（3）上楦和干燥

洗好的竹鼠毛皮要及时上楦固定，上楦板时先将头部固定在楦板上，然后均匀地向后拉上皮张，使皮张充分伸延后，再把眼、鼻、四肢、尾等各部位摆正。各部位摆正后，在皮板周围钉上小钉，使其固定下来。

上好楦板的皮张，即可进行干燥，干燥的方法有两种，一是将其悬挂在通风处，自然阴干 3 ~ 4 天，切忌太阳曝晒。二是采取烘干方法，在房间内放一火炉，保持室温 18 ~ 22℃，经8 ~ 10 小时左右，皮张干燥到 6 ~ 7 成时，将毛面翻出，变成皮板朝里，毛朝外再干燥，再干燥过程中要注意翻板及时，严防温度过高，以防止毛峰弯曲而影响毛皮的美观。

皮张干燥到含水量为 13% ~ 15% 时即可下楦板，皮张含水量超过 15%，在南方保存时容易发霉。下楦后的皮张再用锯末与漂白粉混合撒在毛皮上，轻轻搓擦毛皮，以清除油脂污物，最后用刷子轻刷，抖干净锯末，包装贮存在干燥、凉爽处待上市销售。

117 如何贮存和运输竹鼠的毛皮？

干燥后的竹鼠皮应按商品要求分等级包装贮存在干燥、凉爽处，根据大小每 10 张或 50 张捆成一捆，每捆两道绳，然后装入木箱或硬纸箱或清洁的麻袋里，并撒入一定数量的甲醛防虫剂，并在箱或袋上注明品种、等级和重量，然后入库贮存，贮存的仓库要求温度为 5 ~ 25℃，相对湿度为 60% ~ 70%。

竹鼠皮若要公路运输，必须备有防雨、防雪设备，以免遭受雨雪淋湿。另外，凡需长途运输，必须向兽医部门申请检疫，通过消毒后方能运输，以防皮张带菌传播。

118 如何划分竹鼠毛皮的等级？

竹鼠皮品质好坏，主要以毛绒丰密、皮形完整和冬季产的质量为好，夏季产的毛绒显稀薄，色泽暗淡，皮板薄，质量差。一般分为三等。

一等：毛绒丰厚，呈灰白色，色泽光润，板质良好。

二等：毛绒空疏或短薄，色泽发暗。

等外：不符合等内要求的皮为等外皮。

119 竹鼠检疫程序主要有哪些？

凡是从甲地把竹鼠运往乙地前，必须由当地兽医部门对竹鼠进行防疫检查。

国内竹鼠的引种，要经防疫站或兽医站或畜牧站进行检疫工作。经过检疫合格后，认真填写运输检疫证明，方可发运，否则不准装车运输。

往国外出口竹鼠，要经林业部门和动物检疫部门的批准并办理检疫手续，同时还要办理海关的检疫手续。进口时同样有这些手续，并且到达目的地后，定点隔离检疫观察 45 天以上，如无疫病才能分散种鼠。

因检疫不严，造成的疫病和传染病蔓延，责任由检疫部门负责。若不经检疫，非法进行运输，造成疫病或传染病蔓延，将由运输者负责。

供种场家运往饲养场家，由运输者负责运输途中安全，当竹鼠运抵饲养场和饲养户时，应由双方办理交接手续，然后双方在交接书上字备案。

凡是有传染病流行的竹鼠饲养场，不准向外提供种鼠。饲养者也不要到疫区引种。

120 竹鼠生产中常用的指标有哪些，如何计算？

（1）受胎率：一般由临床妊娠诊断决定，它反映配种效果。

受胎率（%）＝本年度终受胎母鼠实有数/本年度终参加配种母鼠实有数×100。

（2）产仔率：可以反映母鼠的妊娠情况。

产仔率（%）＝产仔母鼠数（含流产数）/实配母鼠数×100。

（3）平均产仔数：可以反映母鼠的产仔能力。

平均产仔数＝仔鼠数（含流产和死胎数）/产仔母鼠数。

（4）成活率：在一定程度上可衡量养殖水平。

成活率（％）＝活仔数/产活仔数×100。

（5）死亡率：可以反映在一定时间内，因发病或其他因素致死情况。

死亡率＝某段时间死亡只数/某段时间的饲养总数。

参考文献

[1] 邓发清，吴昌禧. 竹鼠驯化与疾病防治. 北京：中国农业科学技术出版社，2008.

[2] 冬芒狸驯化与人工养殖技术研究. 长沙南马农业科技开发公司，湖南农业大学动物科技学院合编论文集，2000.

[3] 竹鼠人工养殖技术. 湖南省双牌县竹鼠养殖示范场内部资料，1995.